・右為郭台銘，左為高虹安恩師李傑。　（圖／永齡基金會）

suncolor

郭台銘：

「我常從年輕人的發言學習新角度、新看法。代代之間，透過學習、激盪、互動和辯論，才能為國家和社會找出好的新方向。」

suncolor

# 面試

面對面，看見鏡頭外最真實的他

# 郭/台/銘

作者・高虹安

suncolor
三采文化

推薦序

# 找年輕人才，帶領國家往前走

／鴻海科技集團創辦人 郭台銘

虹安，是我在一年半以前引進鴻海的年輕人。我在和虹安第一次見面之後，就發現她是一位不可多得的人才，決定要延攬她加入我們的團隊。學資訊工程和工業數據分析的虹安，很早就和夥伴出來創業，公司從三個人成長到二十五個人，這不容易，表示他們相當努力。

加入我們的團隊之後，虹安在我的身邊，協助我處理很多重要的事物，可以說一次比一次進步，展現出用心和能力，讓我對她刮目相看。六個月之前，我決定參選總統，她在身邊幫忙分析數據，很有參考價值，後來她也上電視節目，表現有目共睹。

這次，她寫了這本書，看完之後，我的第一個感想是，她的文筆這麼流暢、動人，超乎我的想像。這再度顯示，她是一位全方位的人才，表示我當初沒有看走眼。

讀完這本書的另一個感想是，從虹安眼中看到的郭台銘，有很多角度連我自己也沒有留意到。例如她說在我家開會吃便當，發現飯後的芒果很好吃，但我自己盤前的芒果都沒有動，後來她就開口要求把我這份吃掉；別的幕僚大吃一驚，但我開口大笑，還稱讚她很真心。我不知道，這麼一件我都已經忘記的小事，居然她都記得，而且還記得我對她說的：「保持初心、莫忘初衷。」

現在想想，保持初心、莫忘初衷確實很重要。

我經營鴻海也好，後來出來參選總統也好，都是秉持著同樣的初心。中華民國是我們的國家，台灣是我們的家園，我的初心就是希望我們的國家有發展，希望台灣人民的生活有前途。這個初心到現在還是一樣。

但是，國家不能光靠我們這一代的人。一個國家，一個社會，要能永續發展，必須有傳承，必須代代有優秀的領導人才出現，才能一棒接一棒，繼續發展下去。所以，我非常重視年輕人的培養。在我還沒有離開鴻海的很多年前，我就要求各事業體的高階主管必須培育人才，帶著年輕人，讓他們一起開會，一起制定策略，從做中學，這樣年輕人就可以累積經驗和能力，而逐步可以成為未來的領導人。

國家當然也是一樣。尤其現在的國際政治和經濟局勢，瞬息萬變，我們必須趕快培養具有國際觀，也有創新力的年輕人，加速學習，進而承擔更大的責任。我們需要的，不止是一個高虹安，應當有一百個，甚至一千個高虹安，我們的國家和社會就會有遠大的前途。

而且，學習不是單向的，也是雙向的。我開會時，常常鼓勵年輕人發言；這不僅是讓他們學習而已，其實我們也可以從他們的發言中學習到很多新的角度、新的看法。代代之間，透過互相的學習、激盪、互動和辯論，才能為國家和社會找出好的新方向。

我們可以從高虹安這本書裡學習到成長的艱辛和快樂，也學習到一個人應當如何地抱持初心，來成就自己的事業，也成就整個團隊的事業。期待大家能好好地閱讀這本書，享受這本書。

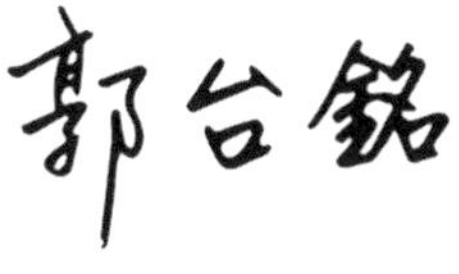

推薦序
# 因為白紙，所以揮灑無限

／臺北市市長 柯文哲

因緣際會，高虹安坐在我的面前，一如這本書《面試郭台銘》，高虹安面試郭董、郭董亦面試她——那時，我在面試高虹安，高虹安也在面試我，最終，這一張「政治的白紙」成為了台灣民眾黨推薦的不分區立委名單。

這次民眾黨的不分區名單很有趣，採取的是廣納天下人才的策略，不僅透過海選徵集民間高手，也接受各方的推薦。郭董強將手下無弱兵，推薦的每一位都是一時之選，之所以最後挑中高虹安，著眼的正是她與台灣未來性的連結。

我們近年常聽到「大數據」、「人工智慧」的概念，但最重要的是這些概念最後必須落實在人民生活中的每一天。基於這樣的理念，我在上任後就以打造台北成為智慧城市為目標，不僅率先成立了智慧城市專案辦公室，而且在各種創新的嘗試以及新技術的引進，台北也絕對不落人後。

以教育的第一線，以及各大傳統市場的改建為例，我們都以「由內而外、由公而私」的順序，逐步地讓智慧城市的概念進入我們的生活。不僅學校全面升級光纖網路，也將讓中小學每人一平板，在數位時代能成為數位原住民，而非數位難民；而未來我們新改建的市場，不僅擁有智慧建築，也將導入智慧化管理。在所有的努力之下，台北也在今年瑞士洛桑管理學院公布的 IMD 全球智慧城市指數中獲評比為全球第七。

但是全國的競爭力，只憑台北的努力是不夠的，我們需要有更多優秀的人才一起來提升台灣的競爭力。民眾已厭倦長久以來的政黨對立、意識形態、政治分贓。我們需要的是正直誠信、科學專業、務實理性的對話，需要的是台灣版的明治維新。

高虹安正好是大數據、人工智慧的高手，在進入鴻海之前，已經是新創圈的頂尖人才、獲獎無數。進入鴻海之後，又在郭董身邊直接學習到許多企業治理的經驗。我認為國家治理和企業治理是相通的，需要更多的專業討論，有更多的科技人才進入國會，也將對改變台灣的政治文化發揮更加正向的影響。

高虹安在政治上是一張白紙，正如同我在二〇一四年的狀況一樣，但是白紙雖然很單純，卻有著無窮的潛力與揮灑空間。

我期待，擁有大數據與人工智慧專業的高虹安，未來進入國會之後，能夠發揮白紙的厚度與力量，在藍綠之外，讓台灣人看見更多的可能。

# 目錄

推薦序 找年輕人才，帶領國家往前走／鴻海科技集團創辦人 郭台銘……4
推薦序 因為白紙，所以揮灑無限／臺北市市長 柯文哲……8

## 第一章

## 接起電話，明天要去郭台銘家面試——求才若瘋

• 那一晚，我失眠了……22
Google 裡的郭台銘

- 初次見面 …… 28
  - 專家對談，一語知高低
  - 郭董的一記直球
  - 四年前的夢想，竟成真
- 找到一百個高虹安 …… 44
  - 從照顧家人開始
  - 老闆主動出擊的魄力
- 出差的行李自己提 …… 58
  - 用意外，考驗配合能力
  - 必須很努力，才能顯得毫不費力
- 上班第一天，我放有薪假 …… 70
  - 從體驗開始，翻轉思考

第二章

# 在鴻海，小便都會是黃色的？——真實與謠言


• 很血汗？嚴以律己，嚴以律第一線主管 …… 78
員工，是主管永遠的責任
把不可能變成可能
• 大排場？其實超庶民 …… 90
鴻海版的「料理東西軍」
原來首富這樣生活
• 很獨裁？天大大不過一個理字 …… 98
保持初心很重要
有話，請直接對郭台銘說
• 鋼鐵人？他不怕痛，卻有最柔軟的一塊 …… 106

# 第三章

# 思想模特兒——獨門管理術


• 很神祕？透明的行事曆……116
其實郭台銘只是好奇寶寶
攤開郭董行事曆
做自己，正是一種感同身受
為台灣搏感情，人脈日不落
• 會議時刻……128
養成野獸般的直覺
• 被罰站的奧義……134
我也曾被罰站過

毋須提醒的自覺
創業者的磨練
• 兩個口袋 …… 146
點線面的彈性布局
• 如海綿般學習 …… 154
不要怕犯錯
• 國際領袖交鋒 …… 166
和川普的交手現場
把餅做大，才是王道

第四章

# 擁抱小老闆精神——厚植人才


• 小老闆，請進 …… 180

把一件小事情做好

人才是最重要的

• 內部創業：肉身衝撞無人車的初衷 …… 190

研發無人駕駛物流車，心理學也要必須應用

內部創業，從人開始

• 打開便當盒，品嘗關鍵人才的時間 …… 198

每一秒都不能浪費

愛才惜才不手軟

• 請為未來選出接班人 …… 208

第五章

# 吃下橡膠果實——台灣的下一步

年輕接班人啟動
窮盡洪荒之力找人才

• 從人才到人工智慧 …… 220
自動化，新時代的機會
未來，從「向下扎根」開始
沒有不可能，只有向前衝

• 從政治素人，到最強外掛 …… 236
盯緊細節，一位點子很多的老闆
站上選舉起跑點，只想為台灣年輕人做點事

• 與其造勢，不如好好釀一缸醬油 …… 242

年輕的力量，站出來
和平，才能找回經濟奇蹟
• 撩落去，政治我來了 …… 256
用數字說話
在鴻海有標準答案，但政治沒有
• 人會說謊，數據不會 …… 264
從數據看到你我痛點
民心，多少人假汝之名
• 成吉思汗轉身後的下一步 …… 272
美國搶先投入AI
這是最好的時代，也是最壞的時代
後語
郭董是神，也是人 …… 280

鏡頭前的郭台銘霸氣十足，虎虎生風；
鏡頭外，我獲得了與他面試的機會，
其實對今日不少年輕人而言，
求職不再是單向的面試，更是雙向的，
他面試我，我也面試他，
而這場超過兩個月的面試，
讓我看到郭台銘不同面貌。

第一章

# 接起電話，明天要去郭台銘家面試

## ——求才若瘋

# 那一晚，我失眠了

在博士班指導教授李傑[1]牽線之下，
初生之犢不畏虎的我，
從創業圈裡跳出來，
獲得了與郭台銘面試的機會。
只是，該準備些什麼？
那一晚，我翻來覆去……。

電話響起，晚上十一點。

那頭，是我在美國辛辛那提大學攻讀機械工程博士學位的指導教授李傑，他說，明天晚上八點，要帶我去郭台銘家，郭董想見我。

「郭台銘要見我？」我摸不著頭緒。

「郭台銘希望有人可以幫助他，推動整個鴻海集團落實我們在美國研究的工業大數據，還要我推薦最優秀的學生，我便想到妳；有機會的話，甚至妳可以到郭台銘身邊工作，那會是很棒的歷練。我們做製造業這一行，最大、最多樣化的生產製造場域便是鴻海集團，倘若

1 李傑現為鴻海副董事長。

要實現工業大數據研究的信仰，這將是突破自己的『登頂』境界。」李傑教授正幫我牽起和鴻海的一線因緣。

但，電話這頭的我，只聽到一句「明天要去郭台銘家」。

如果是正在閱讀這本書的你，接到這樣的一通電話，會怎麼辦？

身為學生，最簡單又理直氣壯的解決之道，便是——直接問老師，該準備什麼？畢竟，「師者，所以傳道、授業、解惑也」嘛。但李傑教授卻只拋下一句：「妳人來就對了。」電話就斷了。

此刻，距離我與郭台銘見面，剩下倒數不到二十四小時，我該怎麼辦？

## Google 裡的郭台銘

嚴格來說，畢業後，我的第一份工作在資策會，緊接著就是去美國念書、到矽谷工作、創業——而鴻海，算是我第二份正職工作，當然那是後話了——此刻，我連一張履歷表都沒有。

然而我並沒有覺得自己要去應徵工作，畢竟自己正參與著新創團隊，創業熱血正熾，還沒有轉換跑道的念頭；只不過這麼難得的機會，不體驗一下，行嗎？但總不好兩手空空去跟郭台銘見面。我決定打開電腦，抓了幾張「生涯里程碑」的照片，當作自我介紹的背景（而且完全沒寫任何文字，是一種蘋果已故創辦人賈伯斯演講的 style），然後，我就上床睡覺了。

那時是凌晨一點半，我躺在床上，翻來覆去。回想起我對郭台銘的認識，好像僅止於鏡頭前的他、僅止於報章雜誌上的他，那一張張小標籤紙是：全台首富、看起來很凶、令人生畏的集團總裁。

與他見面時，我會不會說錯話？突然，恐懼感吞噬了我的睡意，那可不是跟五月天阿信（偷偷說：是我的偶像）見面時的興奮感，而是面對郭台銘的戒慎恐懼啊！一轉念，我從床上跳起來，咬牙想著：整理自己的豐功偉業是「知己」，我更要「知彼」才能百戰百勝。（至少不要踩到地雷，讓指導教授沒面子吧！）

我起身，開始Google：郭台銘。

搜尋了好一會兒，跳出來的資料令人更加懼怕……要進鴻海工作？那你賣命工作到小便會變黃；批踢踢說，鴻海員工會被罰站加跑步；又看了影音畫面，郭台銘去巡視鴻海龍華廠，糾正員工在餐廳外抽菸，對方冷回：「你是誰啊？」他很生氣地說：「我們鴻海不要這種員工。」

一張張便利貼釘在我的腦海，那是媒體建構出的郭台銘，當下，一個念頭閃過：我．真．的．沒．有．想．要．去．跟．他．一．起．工．作……。

甚至，我連要穿搭什麼，都覺得很苦惱。學資訊工程的理科人，見客戶的時刻也多半在工廠，日常穿上舒服、寬鬆的T恤、牛仔褲就好；但那一天，我特別翻出了一件深藍直紋的洋裝，整裝待發。

師命難違，老師要你出去見客，你還是得去會會。

二〇一八年三月十一日，星期日，晚上八點，這一刻來了。

# 初次見面

等一下是不是會有富麗堂華的城堡？
一望無際的草皮和莊園？
大門敞開後還有人列隊歡迎？
郭台銘是富比世（Forbes）
認證的台灣首富，
世界級有錢人，
結果一「開箱」——
我揉一揉眼睛，都沒有。

推開郭台銘的家門，一道雙面繡的老虎屏風，隔開餐桌和客廳，我透過屏風「偷窺」，看到了，我看到了郭台銘——鏡頭前，郭台銘是西裝筆挺的大老闆，但，此刻的他，怎麼是一身POLO衫、沒穿鞋的阿伯？真的有夠「接地氣」。

上一場會議仍熱烈進行，我只好先坐在一旁等待。聽著聽著，除了有李傑教授出席，還有鴻海副總裁兼亞太電信董事長呂芳銘、鴻海M次集團吳良襄董事長、某家知名醫學中心院長，以及其他醫師，他們正聊著醫療大數據。郭台銘發現我來了後，立刻從餐桌蹦蹦蹦地衝過來，要跟我握手。

「高小姐妳好，看妳的樣子，不愧是北一女樂儀旗隊……」郭台銘用我想像不到的萌萌笑容開場。

我到底是哪一點像北一女樂儀旗隊？（後來才知道，是李傑教授如此介紹我，原來在長輩心中，這也算是讓人印象深刻的一張乖寶寶標籤。）

而郭台銘無愧是馳騁商場的霸主，初次見面，真誠熱切的眼神一閃，立馬拉近了人與人之間的距離，讓你絲毫不覺得他是高高在上的大老闆。我想，這應該也是很多人和他初次見面的感想。

## 專家對談，一語知高低

前面一場會議尚未結束，郭台銘先邀請李傑教授和我上桌旁聽，而李傑教授聽了聽正在討論的醫療大數據話題，就對在場的人補充介紹：「高虹安除了鑽研機械工程，也因為興趣，參與過醫學論文的數據、資料研究彙整……」

郭台銘聽完，馬上請醫師們和我對談起之前我曾參與的一些醫學研究。我打開話匣子，聊起頭頸癌在歐美、亞洲、台灣患者的變異以及合適的手術方式比較；又話鋒一轉，聊起用健保大數據分析中醫用藥與癌症預後的關聯。只見郭台銘愈聽愈開心，甚至後來還搞烏龍，在我到職之前，對鴻海的同事宣稱「高虹安是醫學博士」。

後來才知道，郭台銘有一個習慣，當他延攬人才時，不見得會馬上全然信任，而是徹底地交叉驗證。他的方法，是找另一位專家，與你對談；我猜想，倘若你說話唬爛，大概跟郭台銘、專家講三兩句話，就會馬上被看破手腳、擊倒。

不知不覺，我們聊了一小時，郭台銘好似「隔山觀虎鬥」。他信奉著真理愈辯愈明，經營企業時，也是照著理、情、法這樣的順序，以「理」為根本。在我進入鴻海後，郭台銘時常津津樂道，當天實在是緣分，如果不是碰巧前一場會議是與醫療團隊討論研究進展，他也不會發現，我除了研究機械，還曾經跨領域沾了些醫學研究的邊。

我，應該是通過了第一關。

## 郭董的一記直球

經過一小時與醫療團隊的對談，原先緊繃的我頓時放鬆不少。當醫師們離場，換錢媽媽[1]、鴻海集團雲網科技服務次集團總經理周泰裕上陣——至今回想，那一晚，我甚至忘了拿出先前準備的自我介紹投影片。錢媽媽才坐下，便對我笑著說：「我今天就是為了妳來！」

在鴻海集團中，錢媽媽的確肩負各種角色，無論是投資、經營、商業規劃等大小會議，幾乎無役不與。我猜想，當晚郭台銘可能是還不確定我未來在鴻海的定位，所以邀請錢媽媽出席，一起幫忙看看。

原以為，郭台銘接下來會想多瞭解我的工作能力，想不到他單刀直入，直接開口問：「妳可以加入鴻海幫忙嗎？」

（天啊！郭台銘只知道我是北一女樂儀旗隊，旁聽我跟醫師們大聊醫療數據分析，這樣就可以加入鴻海嗎？）

「今天之前，我還沒有想法，今天之後，我會考慮！」這麼漂亮

---

1 鴻海集團副總裁兼總財務長黃秋蓮被鴻海人稱為「錢媽媽」，她亦是郭董先妻林淑如的阿姨。

的答案，是我向指導教授李傑討教的。參加這場面會前，我向老師求救，倘若郭台銘要我去工作，我沒辦法馬上下定決心、接受挑戰的話，該怎麼回答？老師聽了聽，傳授我這一金句。

沒想到，郭台銘棋高一著。

「好啊，那我想知道妳在考慮什麼？」他笑著看我。

老師的戰術指導中可沒有這一步——我吞了吞口水，請郭台銘給我五秒鐘，讓我想想——週日晚上八點，為什麼我人會在這裡面試？面試我的人還是郭台銘，這一切太不真實了。

小劇場很快打住，當郭台銘丟出直球，我沒自亂陣腳，而是開誠布公地說：「我是家裡的獨生女，有義務要照顧爸爸、媽媽，他們年紀大了，身體也愈來愈需要保養。聽說鴻海是一個『沒有自己時間』，然後『員工尿尿是黃色』的企業，我怕一旦加入，沒有辦法好好照顧雙親。」

郭台銘一邊微笑，一邊要我接著說。

「第二，我考慮的是在二〇一四年時，我一邊念博士，一邊從美國結束了矽谷的半導體公司工作後，回到台灣，跟資策會夥伴一起創立了科智這家公司。大家都有革命情感，從三個人共同創業，一路成長到了二十五人，主要負責業務行銷的我，實在沒有辦法拋下團隊。」

「科智 Servtech」是我創業的第一個寶寶，當時，我和夥伴們希望打造一家專精於智慧製程、工廠物聯網解決方案的科技公司。早在二〇〇八年，我在資策會工作時，就和我的主管顏均泰、同事高志強開始構想關於機聯網的技術研發，並致力於生產設備數據蒐集、雲端平台及客製化應用開發等技術。

透過關鍵製程資料的分析與應用，科智的核心服務是「帶動製造業管理模式的創新」。透過可視、比對、改善三大步驟，協助產業進行工業大數據分析和精實管理，也希望有效提升加工廠的設備稼動率和供應鏈的管理彈性，為的就是要提供全方位的智慧製程解決方案，同時輔導傳統製造加工廠步入工業4.0的時代。

## 四年前的夢想，竟成真

郭台銘聽完我的「考慮」，只說這兩個問題，聽起來都不難處理，他先從第二個「猶豫點」下手，跟我聊起新創公司的創業經。當他知道科智是一家聚焦工業互聯網的公司後，他的眼睛瞬間發亮。長久以來，他一直思考如何讓鴻海從純製造業轉型，而他心中的關鍵元素便是加入「互聯網技術」。

「我如果想要投資你們公司，可以嗎？」郭台銘說。

當下，我的思緒回到二〇一四年十一月。那時，科智來到美國舊金山灣區參加「第十屆 Intel 全球創業挑戰賽」（The 10$^{\text{th}}$ Intel Global Challenge），與來自全球二十個國家、兩萬支參賽隊伍選拔出的菁英團隊同場競技；總決賽時，我上台報告，下面坐著西門子、Intel 的專家評審，他們問我，未來想達到什麼目標？或者是讓什麼樣的公司來投資？

「Foxconn（鴻海）！」我回答。因為鴻海是地表上最強的製造業大數據聚集地，如果我們要經營一家工業物聯網和大數據公司，首選夥伴自然是鴻海。

後來，科智奪下比賽中「網際網路、行動、與軟體運算」項目第一名。出國比賽贏得金牌凱旋返台後，想投資科智的人也漸漸多了，許多大企業紛紛來敲門；在我與郭台銘見面前一個月，又多了一家「陽程科技」來洽談投資事宜，當時的我們甚至簽了合作備忘錄（MOU）。

時序回到那一晚，當郭台銘問起投資的可能性，我告知他，已經有一家公司正在積極洽談。

「是哪一家公司啊？」郭台銘好奇地問。（從商四十五年來，「競爭」是郭台銘生存的不二法則，聽到有人要搶先他一步投資，眼裡自然閃爍起光芒……）

「這家公司叫做陽程科技……」當我吐出公司的名字，郭台銘搔搔頭，因為陽程正是鴻海的孫公司。當下，郭台銘立刻拿出手機，致電給陽程科技的總經理，同時開啟擴音，驗證我所說的一切。他應該想知道眼前這女孩是不是在自抬身價。

「聽說，你最近要買一家叫做『科智』的公司？」郭台銘問。

「對啊，我們最近有想要投資啊。」陽程科技總經理黃秋逢說。

「那我也要投資，可以嗎？」郭台銘再度殺球，電話另一頭的黃秋逢總經理直說沒問題。

從醫學研究到科智，那一晚，我發現跟郭台銘之間，竟有這麼多條無形的線，彷彿牽引著我必須要加入鴻海。最後，郭台銘也給我這滿腦子工業大數據的科技人一記殺球——鴻海有十七萬台電腦數值控制工具機（Computer Numerical Control, CNC），這數字是世界第一。

對比一下，那時，我和夥伴們在科智已投身四年，只要接到一百台工具機聯網的訂單，就要開香檳慶祝了；而我們接過最大的一張訂單，是五百多台。可見，十七萬台CNC的場域，對我們來說簡直是天文數字。這還只是工具機的數目，不包含其他種類的生產機械。

老實說，我心動了。

試想，如果能讓鴻海的工廠更加聰明，把十七萬台工具機全部連網，每兩秒以內就能擷取一次機台資訊，把關每一筆生產數據，那會是多大的工業數據？數據蒐集上雲端後，科智還可以做到「即時可視化」。無論是郭台銘，抑或是其他鴻海主管身在何處，都能透過手機一手掌握工廠機台的生產數據。有了數據，科智就可以為不同的加工型態和製程，開發各式各樣專屬的應用服務，最後，號召不同領域的專家策略夥伴，除了優化鴻海的內部生產，也可以向外擴張、提供科技服務。

當我愈認識郭台銘，愈知道他非常鼓勵年輕人創業，也不斷在鴻海集團內，倡議「三創」，也就是創新、創意、創業。郭台銘很願意投資年輕人實現自己的夢想，只因他認為，年輕人願意自己掏錢出來，成立公司、當小老闆，那意味著對「創業」這件事情是真有意志力想完成。

而二〇一四年比賽時，我在台上那一句篤定的回答，彷彿是對科智的期許與預言，四年後成真，依舊奇幻。

## 從郭台銘的「二十四小時購物」一窺鴻海帝國

鴻海，或是郭台銘要投資一家公司，會先收購外部股東的股權，成為唯一的外部股東，同時，盡可能入股超過五十一%。為的不只是投資，更是經營、扭轉企業局面的主導權。（至於「錢媽媽」的角色，在此刻也格外重要，她評估財務的可行性之後，也可能適時踩煞車。）

郭台銘和陽程科技總經理黃秋逢講完那通電話之後，鴻海集團立刻在二十四小時內拍板定案，要入股科智。二〇一八年四月一日，科智正式由樺漢科技股份有限公司、陽程科技股份有限公司轉投資，成為鴻海集團內工業互聯網解決方案的核心成員——距離我和郭台銘面試那一晚，僅短短二十天。鴻海從盡職調查（Due Diligence，俗稱DD）、盤點專利技術、請律師檢視併購細節……神速到幾乎是傳說。

不可否認的是，企業併購暗藏著極大的風險，失敗、虧損機率可能要比成功、賺錢的機率高，但這反映了鴻海「快速決策、快速修正」的效率文化。那一刻，我全然能夠理解，為什麼鴻海能稱霸一方。

題外話是，也要感謝這樣的速度，科智團隊裡有一對愛情長跑多年的情侶，從大學時代便在一起，卻因為事業尚未開花結果，父母不太同意兩人結婚。當鴻海集團宣布入主科智，疼惜女兒的女方爸媽立刻點頭，讓兩人順利成婚。當然，一夜面試的機緣，讓我成為了那場婚禮的媒人。

# 找到一百個高虹安

看似高高在上的郭台銘，
其實頗能理解小家庭的煩惱。
儘管征戰世界各地，
他總是記掛著家人，
也因此，對於關鍵人才，他愛屋及烏，
這樣的心意，讓鴻海不少人才
一待就是二、三十年。

跨界人才是企業轉型的關鍵，以製造業來說，不能只懂工廠，如果也知道ＡＩ、資訊工程、大數據，這樣的人才便是鴻海「求才若瘋」之下的及時雨。倘若企業謀求三到五年內轉型，現在還看不到關鍵的人才，郭台銘直言，「轉型」二字便只是口號和空談。

有趣的是，在二〇一八年三月第一次面談結束後，郭台銘大概十天沒有聯繫我。儘管收購科智的程序持續推進，但夜闌人靜時，我也忍不住犯嘀咕：「郭台銘你不是要我去鴻海幫忙？怎麼會沒有下文了？」（後來才知道，他這十天內起碼跟一百位主管重複說了我的故事……）

突然就在三月二十三日那天，我接到電話，郭台銘要我一週後飛到深圳，幫鴻海做一場「教育訓練大會」。接著，馬上有無數通電話打來，確認各種細節，終於，來到我對鴻海員工演講的那一天……。

## 從照顧家人開始

班機抵達深圳。一出機場，一位叫「小涂」的青年在入境口接機，熱情地從我手上接過行李。當時天色已暗，小涂領我上了一台廂型車，不停跟我介紹他自己和集團的事情，也和我討教許多我在做的研究。不知不覺地，車子開進鴻海龍華廠區，我入住的是最靠近總裁辦公室的招待所，據說以前是蓋給日本夏普員工住的，因此每一間房間都有免治馬桶和實木地板。

隔天在教育訓練前，郭台銘的祕書通知我，要我先去總裁辦公室一趟。那日，他穿了一件桃紅色 POLO 衫，持續散發濃濃的居家阿伯形象。而總裁辦公室的外觀是日式風格平房，裡頭則是一張長長的會議桌搭配多張椅子，沒有華麗裝潢，倒是又大又多的面板令我開了眼界。

後來才知道，因為鴻海在全球各地有非常多廠區，儼然是日不落企業，郭台銘如果需要和哪一位主管開會，透過視訊，就能隨時無障礙溝通。

看到我來了，郭台銘直說：「我還是非常希望，妳能來我們公司上班。上次妳的兩個難題，我先解決了其中一件，投資了科智，讓妳的團隊能夠在鴻海這麼大的平台內發展。那麼第二件事，我現在幫妳解決……」

「妳今天在家陪爸媽，和他們乾瞪眼，不是一個最有效率、最正確、最好的方法。對爸媽而言，為人子女反而應該是認真打拚，創造足夠的物質條件，讓具備醫療照護專業的人好好陪伴爸媽。久病床前無孝子，要能孝敬父母，最現實的狀況是至少要有足夠資源，讓專業醫療團隊瞭解爸爸、媽媽的狀況，進而訂出一個健康提升計畫。」

郭台銘再一記直球，便是運用永齡基金會的醫療團隊資源（尤其是老人照護這一方面）。隨著台灣邁入老齡化的社會，郭台銘對健康大數據也特別有興趣，他笑著對我說：「請高爸爸參與這樣的計畫，就當是白老鼠吧！不僅可以得到很好的醫療照護、改善病情，還可以從飲食下手，通盤考量他的生活習慣。」

這番話，深深打動我。

隨後郭台銘致電給M次集團的董事長吳良襄，請他馬上派一位醫師，到我在台灣的家，接我爸、媽去醫院檢查身體。

（身為女兒的我，人在深圳啊！）

我驚呼：「等一下，我要先打電話跟爸、媽說一聲，不然真的會嚇到他們！」郭台銘是非常孝順的人，後來我才知道，他對於孝順的員工，也會格外疼惜。

這下子，換我緊張了：「爸、媽，你們冷靜地聽我說，等一下會有一位自稱是郭台銘醫療基金會的人，坐車到家裡接你們。不要擔心，他是正牌的，你們可以開始整理一下自己的儀容。」老人家平常在家裡，因為放鬆而邋遢，誰會想到，三十分鐘後，郭台銘會派專車到家裡，接自己去全身健康檢查？

「那妳還有什麼理由拒絕鴻海？」郭台銘說。

我感動，也感謝。

## 老闆主動出擊的魄力

隨後，急性子的郭台銘開始要我幫忙想，到職之後，該用什麼職銜？他沉默了一會兒，脫口說出「工業互聯網推動辦公廳主任[1]」，直接隸屬於董事長辦公室。只見會議室裡，其他幕僚一臉疑惑，我根本不知道是怎麼一回事。

原來，在鴻海的組織架構當中，根本沒有「主任」這樣的職務。鴻海體系裡，大致可區分為工程技術職、專業行政職兩大升遷體系，之後便是處長、協理、副總、資深副總、執行副總和總經理——而我到職後，則成為鴻海當時唯一的主任。

離開郭台銘的辦公室，我梳理頭緒，也準備起馬上就要登場的演講。全球三十五個廠區同時連線，郭台銘特別出席坐在底下聆聽。

而從郭台銘找我進鴻海的過程中，可看出他談判功力之高——從不會拖泥帶水，而是直指核心，瞭解對手在乎的是什麼？最糾結的又是什麼？然後視自己的能力與資源，站在談判對方的角度思考，幫忙解決。你只要敢開口、願意開口，他就能真心誠意地用資源交換的角度，幫你解決問題，同時幫他自己解決問題。

而他成功把我找進鴻海，也成為他常常跟人力資源單位分享的故事。「為什麼我可以找到高虹安，你們找不到？老闆應該主動出擊、挖掘屬意的人才，掏心掏肺地跟人才相處。我當初延攬高虹安的時候，就搬出集團內的醫療資源吸引她，又投資她參與創立的公司，我們應該要找到一百個高虹安！」

1 工業互聯網推動辦公廳而後正名為「工業大數據辦公室」。

## 一場關鍵演講：我談工業大數據的應用

二〇一八年三月，我赴鴻海深圳龍華廠區的「教育訓練大會」，談「工業大數據分析的系統性方法」。從製造業在維護維修機制的轉變與進程來看，可分為四個階段：最早，採用的是反應性維護，也就是在設備失效、發生故障後，進行維修和失效分析；第二階段為預防性維護，本質上，以固定週期為基準一一檢修，然而，卻不能針對設備的實際使用情況來檢修，運行和維護的成本無法得到最優化。

第三階段，廣泛稱為狀態監測式維護（Condition-Based Maintenance, CBM），業者運用感測器等硬體設備，以獲取設備的相關狀態資訊，設定各種參數的門檻值以即時偵測到某些異常或故障的發生；第四階段，即設備預先診斷及健康管理（Prognostics and Health Management, PHM），也就是基於狀態監測添加以大數據學習建模之預測能力，以達到零停機的目標。

當我們實際蒐集工業數據時，要夠快、夠準、夠多，也有足夠的空間存取。而什麼是工業大數據的應用？以「鋁輪圈加工廠」為例，透過導入機台監控、機台稼動及機台閒置，讓數據上網後，透過APP分析發現，作業員因產品加工時間長，一旦無法於班次時間內完成，則最後一段時間會因為無法認列績效而不願意上料。從數據發現問題之後，便可以著手解決改善。

在當時，工業大數據之於工廠還是相當創新的概念，除了要因應不同的場域，做大量的技術研究調查外，也要教育第一線人員、場域主管。而鴻海之所以成立「工業大數據辦公室」，目標就是協助偌大的鴻海各次集團及各類製程場域，進行工業物聯網和AI人工智慧的導入和轉型，匯聚關鍵有效的數據，加以分析應用，讓台灣成為發展工業4.0的一片沃土。

## 一次搞懂鴻海12個次集團

| A次 | B次 | C次 | D次 | E次 | F II |
|---|---|---|---|---|---|
| 手機軟硬體整合 | 平板軟硬體整合 | 精密模具事業 | 電腦、筆電軟硬體整合 | 可攜式電視、大電視、LED戶外看板等軟硬體整合；機器人 Pepper | 雲端互聯網運算、網通電信 |
| **H次** | **I/J次** | **K次** | **L次** | **M次** | **S次** |
| 電子商務 | 總部週邊、財會、投資、後勤 | 面板 | 連接器 | 樂活養生健康 | 半導體、軟體、作業系統、感測器 |

## 工業4.0時代來臨

鴻海擁有全球最完整實體製造場域平台，以及製造核心經驗與技術，這都是工業AI推動的必要關鍵——二〇一八年六月的股東會上，我花了三小時，為郭台銘做出三頁工業4.0的簡報，希望能夠用淺白的文字，為鴻海股東們梳理工業的進程。

在工業1.0時代，是傳統製造工廠，以動力取代體力；進入2.0時代後，則是以計算力取代腦力；3.0時代，是以AI人工智慧取代決策力。來到4.0時代，則是工業互聯網與工業人工智慧技術突破，包含了工業大數據、雲端智慧、資料安全管控、區塊鏈金融、智慧製造、智慧供應鏈，未來都十分值得期待，未來，就是現在。

# 出差的行李自己提

台灣首富出差時，
該有怎樣的陣仗？
當我第一次隨著郭台銘出差、搭船去澳門，
才發現他提著自己的行李，
混入人群中。
就算置身紙醉金迷的賭場，
心心念念的仍是
如何優化工廠的製造金流……。

從與醫師對談，到投資科智的那通電話，進而赴鴻海「教育訓練大會」談工業大數據，我闖了一關又一關，也已做好加入鴻海的心理準備。只是，在我到職之前，郭台銘又出了新的試題。

二〇一八年四月二日，郭台銘應邀出席在中國大陸廣東省的「數字經濟融合創新大會」專題演說。當時我還不是鴻海的員工，他卻期盼我在結束教育訓練大會的演講後，與幕僚們跟著他一起出差。

「我沒有辦法臨時地調整行程，況且，我的私人用品也沒帶齊啊！我根本沒想到會離家這麼久⋯⋯」我當下給了郭台銘一顆軟釘子（這應該也是一般人的正常反應）。但他倒也不以為意，只回了句：「這簡單啊，我們集團幾乎天天有人要從台北飛來深圳，等一下，我請人到妳家，幫妳把必要的用品順道帶過來就好！」

於是，我的清明連假正式宣告泡湯。

## 用意外，考驗配合能力

儘管當時，我和郭台銘之間還沒簽訂勞動契約，但我猜測，他正考驗著我的配合程度——就這樣，我又打電話回家，「爸、媽，你們再一次冷靜地聽我說，等一下會有一位自稱是郭台銘祕書的人，到家裡拿我的換洗衣物、隱形眼鏡等。不要擔心，他是正牌的，對不起，我清明連假無法回家。」電話那頭，我媽只說了聲好，接著便開始幫我整理「意外延長出差」的行囊。

隔天，這袋東西真的被帶到了深圳。

出差的路上，郭台銘告訴我其擘畫的藍圖：「鴻海的製造業是我的職業，醫療健康則是我的志業。隨著這兩個產業發展，互聯網和人工智慧都是必然的轉型趨勢。」

我們一起從深圳乘坐動車[1]到廣州。通常，他去演講的內容會跟幕僚腦力激盪，但當天怎麼改，他都不滿意。大家愈改愈焦急，當時仍是「鴻海局外人」的我，突然被郭台銘叫到座位旁，要我幫忙修改演講簡報。

「妳把電腦打開，幫我改，我想妳會知道我要修改什麼。」郭台銘說道。

1 動車即為台灣所稱之「高鐵」。

改完簡報後，郭台銘看起來還挺滿意的，再次強調我「一定要在他身邊工作」。

來到「數字經濟融合創新大會」後，我才發現除了郭台銘，包括中國大陸家用電器大廠美的集團公司董事長、阿里雲總裁、騰訊雲總裁、華為公司的高階主管都來了。現場一共有兩千餘名聽眾，加入以「新時代／新經濟／新融合」為名的大會。

上台的那一刻，郭台銘也宣布，鴻海將向大中小型製造企業開放「富士康雲」，攜手這些企業完成產業轉型升級。由於鴻海在多年發展過程中，累積了海量的工業場景數據，近年來，建立了鴻海高速運算中心、富士康雲等工程，推進工業大數據分析，已經具備為「工業互聯網」提供基礎支持的能力。藉此，為中小企業賦能，增強產業競爭力，並透過智慧工業，讓中小企業快速實現「實體經濟＋互聯網」

的智慧工廠轉型升級。

在鴻海工業大數據的應用上，郭台銘致力讓人與人、人與機器、機器與機器連結，並產生協作，透過數據來瞭解、解決可見的問題，同時分析和預測不可見的問題。他也強調，智慧工業互聯網是「共同發展」的目標，僅僅是鴻海一家企業推動，那智慧工業互聯網的力量是有限的，若能集結眾多製造供應鏈上下游企業的合作夥伴，那力量將是無窮的。

「數字經濟融合創新大會」落幕後，李傑教授先走一步，我則要跟著郭台銘、鴻海高階主管們繼續往澳門挺進。這趟澳門出差，除了要談健康醫療相關的合作與推動，郭台銘還有一個重要的任務——幫女兒郭曉如過生日。愛家的郭台銘將私人飛機留給妻子和家人，自己帶著當時任職鴻海S次集團總經理劉揚偉[2]和我，搭船過去。

## 必須很努力，才能顯得毫不費力

也是在這趟往澳門的航途，我得以一窺郭台銘超親民的一面——「也許他會有VIP通關？」「有自己的包廂？」「專人幫忙提行李？」

答案是，什麼都沒有。他如尋常阿伯，跟著所有的乘客自己扛著行李。以郭台銘在中國大陸的知名度，應該是會被「識破」，但他戴著鴨舌帽低調隱身於人群之中。

抵達澳門之後，郭台銘也想研究賭場的金流，因為賭場每天都要結帳，甚至是時時結帳，他希望能夠借鏡這樣的技術，延伸運用在製造業之上，與生產線完全結合。

郭台銘這個人到底有沒有在休閒啊？我納悶。

至少我在工作之餘，是需要休閒的——難得造訪澳門，即便晚上九點才結束一天的會議，我依然迫不及待地自己跑去搭纜車，欣賞這座東方的拉斯維加斯。當我動念請一旁路人拍照時，一位大叔突然一個箭步衝上來，又是郭台銘。

怎麼還是他？原來郭台銘正繞著旅館走路，堅持每日走一萬步的他，正在補足當天的步數。而出差根本沒穿運動鞋的我，陪他繞了兩、

2 現為鴻海董事長。

三大圈，回到旅館房間後，才發現腳已經起水疱。

回到台灣的第一時間，當我看到媽媽，眼淚馬上飆出來。我是個女孩子，但當下我好像可以理解男生當兵的心情，宛若從軍營走出來（是劫後餘生嗎？），那不僅僅是緊繃，而是突然跟在一位世界級領導者的身旁，與許多重要人士見面，隨時全副武裝，只因必須很努力，才能顯得毫不費力。

我倒在床上，整整睡了十二個小時，醒來後，我打電話給指導教授李傑。

「虹安，妳覺得怎麼樣？」李傑教授問我。

老實說，待在郭台銘身邊，確實可以學到很多東西，除了做事情的方法，還有貫徹自己意志的決心。他付出百分之兩百的努力，相對地，他也會期待第一線幕僚全力付出。那樣的強度，我做得到嗎？

「這可能是一般人想破頭，都可望而不可即的機會。如果妳今天能力足夠，卻放棄了眼前良機，這樣我會瞧不起妳的。」李傑教授話說得很重。

接著他話鋒一轉，吐了一個英文單字，charisma，意思是超凡的個人魅力，李傑教授如此形容郭台銘。「就算貼身學習，必須承受非常高的壓力，當身體負荷不了，就舉手告訴他，郭台銘不是硬要逼妳工作的人，別怕！」

當然也是要到進入鴻海之後，我才得以親身感受，驗證了李傑教授所言不虛。

混沌的日子之中，我開始每天早上七點半，接到郭台銘的電話，總機機械化的聲音劃破了一日清晨。

「您好，董事長電話線上，要接給您……」工程師性格的我，從原本的晚睡晚起，開始變身為「超晨型人」。原來，每天郭台銘一大早讀完報紙，便會開始打電話跟第一線主管討論相關的主題。後來，我甚至在電話響起前，就已經從睡夢中抽離。

相較於其他大公司有幕僚團隊專責讀報（蒐集分類報紙新聞），在鴻海，郭台銘就是那個每天最早起床的讀報生。看完報紙新聞後，他還會親筆註記自己的心得，明確寫出要哪些主管詳讀；不那麼急的，由祕書發送給相關主管，而緊急的，則直接召開電話會議。

從我在二〇一八年四月九日回到台灣，直到四月二十一日，終於簽下錄取通知（Offer Letter）。郭台銘給我三條路選擇：第一，去鴻海集團旗下工業電腦廠樺漢；第二，貼身跟著鴻海集團副總裁暨亞太電董事長呂芳銘；第三，在他身邊學習。

既然要選擇，還是要聊一下吧？只是主管們跟我分享了很多「眉角角」，歸結老話一句，最好是跟在郭台銘身邊學習——這沒有選擇的選擇，讓我很快做好決定。

就這樣，我進入鴻海，當時郭台銘還發布「內部鼓舞消息」，希望大家多多效法他，主動出擊、延攬跨領域人才。當然這也是我進入鴻海之後，才從同事口耳相傳間，知道這段被過度神化的往事。

# 上班第一天，我放有薪假

一拿到我的健檢報告，
郭台銘立刻打電話來，
要我上班第一天先去醫院，
只因他看到白血球的數值偏低。
看似鐵血的他，
其實非常看顧員工的健康狀況，
而我也在到職的第一天
就放了「有薪假」。

身為鴻海「工業大數據辦公室」的第一號成員，我在二〇一八年五月十六日加入鴻海集團，任務就是要將大數據、人工智慧應用到更多的場域。甚至，不只是製造業，像是健康醫療大數據、農業大數據等，也可以陸續透過永齡基金會一一落實。報到之前，我出差訪美時，順便完成博士畢業相關程序，這是一個心理準備，也是行動準備——進入鴻海之後，我應該完全沒時間了吧？

帶著忐忑心情，還有前一天完成的健檢報告，我動身前往鴻海報到。報告中，白血球的數值偏低，眼尖的郭台銘發現後，立刻要求我晚一點去，不要急著上班，而是到醫院搞清楚身體狀況。於是，原定報到當下就要與他一同飛往北京開會的行程，也只能延後了。

到鴻海任職的第一天，就這樣，我放了有薪假。

細數入鴻海之前，我揮別了美國矽谷的產品實習工程師工作，回到台灣，和資策會的團隊夥伴一起創業，也因為鴻海投資、與郭台銘面試，獲得了參與創建工業大數據辦公室的機會。過去，我曾經造訪過很多工廠，從台灣到中國大陸，鴻海的工廠真是我見過規模最大的。廠區內，有珍珠奶茶店、銀行、電器行、手機行、牙醫診所，有如一座城市。曾經有一回，我陪著郭台銘巡視，聽他一邊介紹一邊驕傲地說：「妳看，這麼大的地方，這麼多的人，我就像是市長吧？」

彼時，他應該沒有想到，有天會起心動念參與競選台灣總統吧？

## 從體驗開始，翻轉思考

如果郭台銘早晨無法抽空爬山，只要人在廠區，傍晚四、五點時他便會開始「走動式管理」。有趣的是，他的眼皮子底下總有新鮮事：當他經過珍珠奶茶店，會停下腳步，點一杯飲料坐著喝，感受一下餐點的CP值（性價比）、環境是否整潔、付款程序是否順暢；當他經過廠區內的幼稚園，也會觀察設施、家長接送小孩的情況；要是經過廠區內新設的無人商店，他會直接走進去點一碗咖哩魚丸，邊吃邊認真研究起送餐和自動清洗桌面的機械手臂。（他曾經還差點闖入機械手臂的後台，檢查是否真的一個人也沒有？）

那一刻，與其說他是「市長」，更像是「市民」，實實在在地體驗，一點也不浪費運動的時間。

每一次體驗，郭台銘幾乎都能抓出可以改善的地方，主管們也會震懾於他獨到的觀察力和創造力。一日，他瞥見工人在挖馬路，一進到總裁辦公室，他立刻點名、召集幾位主管開會。

「你們知道外面在挖馬路嗎？」郭台銘問。

「嗯，知道啊！」主管們點頭。

「那你們知道，我為什麼找你們來嗎？」大夥兒搖搖頭。其中，有一位主管自告奮勇，嘗試回答：「當地政府單位正在進行馬路美化工程，挖完之後，會建設得更美麗。」

「我換個方式問，鴻海集團今年要大力發展什麼？」郭台銘追問，主管們幾乎異口同聲地說：「工業互聯網！」

「對！那為什麼你們沒有想到，挖馬路的同時，可以順便埋光纖？讓我們廠區的網路升級？」這下子，主管們恍然大悟，挖馬路與他們的關係。

確實，如果換水管、埋光纖、刨柏油等都會需要挖馬路，更別說還有路權申請問題，一次到位不是正好？此時，會議一陣靜默，主管們一方面贊同郭台銘超強的連結力，一方面也在默默檢討自己為什麼沒有想到吧？

當現場氣氛凍結，郭台銘悠悠說了個故事。他的皮夾裡，有一張照片，是他太太曾馨瑩，還有一對兒女郭曉如、郭守善；有一天，最小的女兒郭曉嬡看到照片，問起照片上怎麼沒有她？

「妳還沒出生啊！」這時候，郭曉嬡把照片翻到背面，空白一片，當然同樣是沒有她，惹得現場大笑。

郭台銘接著說：「事情不能只看表面，連小朋友都知道翻到背後，去看看有沒有她自己，她認為正面沒有她，後面應該有她的照片吧！因此，凡事只看一面，當然是不夠的。多思多想，畢竟知識只能學會別人的思考，經驗才能得出自己的判斷。」

每一位鴻海員工在與朋友閒聊時，
幾乎都曾被問到：「那你的小便變黃了嗎？」
「小便變黃」這四個字，
似乎成了郭台銘剽悍管理風格下難以擺脫的枷鎖。
但其實這是來自於豐田英二的管理經驗，
背後的意義是：
當員工向郭台銘詢問解決方案時，
往往會被反問，
有沒有先想個三天三夜不睡覺？
可以如何窮盡自己的力量，
拿出所有的解決方案？
我們不妨卸下謠言的濾鏡，
重新看看郭台銘。

# 第二章

# 在鴻海，小便都會是黃色的？——真實與謠言

# 很血汗？嚴以律己，嚴以律第一線主管

曾有媒體說鴻海是「血汗工廠」，
郭台銘回應：
「人家叫我們是血汗工廠，
我說有什麼不好？
我們今天腳踏實地、努力工作，
就如同一分耕耘、一分收穫。」
郭台銘所說的血汗，是他的自律，
也是他要求第一線主管認真努力的象徵。

郭台銘常跟我們分享他聽到的一則管理故事：

高階主管有天到了公司，發現他的中階主管請病假。隔天，這位中階主管回到公司，高階主管關心他，你怎麼了？中階主管回答：「我工作壓力太大，得了胃潰瘍。」高階主管向他說：「你知道治療胃潰瘍最快的方法嗎？」中階主管好奇問：「怎麼做？」

高階主管答：「找一個底下的主管，把胃潰瘍傳染給他，你的就好了！」

胃潰瘍不會傳染，這也是郭台銘的「玩笑話」，一如郭台銘會問部屬「小便變黃了沒？」這句廣為流傳的話，也是因為他讀了豐田（TOYOTA）汽車社長豐田英二的書。上面寫著一段小故事：當一個人責任心重，遇到困難的事情，心裡一直想，第一天睡不好；第二天一定要再想辦法，難題難解，結果還是睡不好；到了第三天還再想，連續三天都睡不好，小便就會變黃[1]。

當外界以負面詮釋「小便變黃沒？」，形容鴻海一定要把員工「操到爆」，或揶揄、或嫌惡，其實郭台銘真正要說的是：主管應先窮極一己之力思考如何解決問題，且將事情妥善分配，好好分層授權，不然自己肯定會先累死（沒累死恐怕也要得胃潰瘍了），而身為主管，自己更要身先士卒。

## 員工，是主管永遠的責任

根據富比世雜誌二〇一九年全球億萬富豪榜，郭台銘以六十三億美元蟬聯台灣首富；而他一手創立的鴻海，二〇一八年營收突破台幣六兆元，稱霸全球電子製造產業。

郭台銘擁有的財富何其可觀？但他依舊是拚命三郎，從早忙到晚。如果要說血汗兩個字，他律己的態度並不為過，而他對身邊的一小群人也是上緊發條，多數基層員工並不見得流淌著血與汗。

針對鴻海主管，郭台銘洋洋灑灑設定了十二大工作內容：一、為部屬訂定工作目標；二、負責訓練部屬；三、掌握工作進行；四、設法激勵部屬；五、鼓勵工作創新；六、執行團體紀律；七、獎勵與懲罰分明；八、發揮員工的工作能力；九、自我工作檢討；十、公務與私務分明；十一、建立工作的信心；十二、加強溝通建立共識。

默背這些，我都覺得郭台銘對手下主管的要求，簡直算得上「完

1 詳見本節後完整故事。

人」了。

郭台銘曾經造訪一家小吃店，店裡，老闆寫了股神巴菲特的一句話，郭台銘默默記下後，經常掛在嘴邊並提醒第一線幹部：「評價一個人時，應重點考察四項特徵：善良、正直、聰明、能幹。如果不具備前兩項，那後面兩項會害了你。」

有時候，郭台銘會責備一些主管，說他們儘管聰明絕頂，倘若不善良、正直，沒有以集團最大利益為優先，心思一歪，貪腐的後果是很可怕的。

## 把不可能變成可能

從郭台銘的目光看向團隊，一道軍令下來，如果這個任務很輕鬆，完成任務的價值並不高；若是逼近不可能的任務，團隊又能完成，其實會學到很多東西。

鴻海產品遍及資通訊上下游，從面板、連接器等各種關鍵零組件，到手機、電腦、電視等，鴻海轉投資公司超過八百家，客戶自然也是遍佈全球，也不乏許多眾人耳熟能詳的知名品牌。

客戶設計、使命必達，例如，當各家智慧型手機品牌閃閃發亮，專注在設計端的客戶，主要的考量並非「能否製造得出來」，所以各種設計師鬼斧神工的點子能實現，鴻海真的是幕後功臣——就拿音量鍵大、小聲的按鈕來說，你拿一萬支高端的智慧型手機來試用，會發現，所有由鴻海製造出來的手機，每一支手機按鈕的觸感都是一模一樣的——這是如何辦到的？

苦工來自於製造產線，必須站在客戶立場，一起想出解決方案，譬如在終端建立一個光學檢測 AOI（Automated Optical Inspection）的設備，一一檢視量測在音量鍵固定處之洞和壁的空隙，再用墊片解決公差堆疊的問題，保持產品生產的一致性。

當世人為這些品牌大廠手機的成功喝采，忽略了技術之艱難，更忽略了人力資源管理之不易，是鴻海的數十萬大軍，讓難以量產的設計，化成可能，化成一支支你我手中的智慧型手機。

不可諱言的是，當前製造業是「微利時代」。要強化獲利，根本之道是「降低成本」，而企業最大、也最難掌握的成本即「人力」。

如何讓「人力資源」在每個時間點都能聘僱「正確的質與正確的量」，永遠是頗難達成的理想。

管理大師彼得·杜拉克（Peter Drucker）就說：「具有市場所需能力的知識工作者，未來薪酬將非常高；隨著服務業市場的發展趨勢，人力資源管理將是企業致勝的關鍵。」

為了照顧基層員工，三十多年前，郭台銘赴美國出差，發現美國的孩子每天吃雞蛋，吃得身強體壯；他當時便要求，中國大陸工廠的工人伙食比照辦理，每位同仁每天都要吃一顆蛋、每週都要吃一根雞腿，為了達成這樣的目標，幾乎包下整個市場的量。

在一九八八到一九九八年這段時間，不少身為人母、或者未來將為人母的女性作業員，顯得面黃肌瘦，郭台銘告訴廠長，伙食費絕對不能節省，三十年下來，鴻海累積訓練過的員工上看一千三百萬人，這一吃，共吃掉了五十五億顆雞蛋，可以繞地球七圈，而鴻海位於深圳的龍華園區，擁有全亞洲規模最大的中央廚房，比照航空公司的空廚，對於食物安全有最高的標準，可滿足每日二十四萬人次用餐的需求。

初心，就是著眼於鴻海百萬大軍的飲食安全，更是為了員工的健康把關。

鴻海員工與強大的製造技術，是蘋果手機背後的無名英雄。

## 豐田英二的管理經驗

豐田（TOYOTA）有一家供應商的負責人A突然過世。

A的兒子剛接班，忙著熟悉公司的經營、一邊又要處理爸爸的後事，沒有經驗的他，一季之後，達不到客戶要求降價二％的目標，就索性上門去找豐田英二社長。

「豐田社長，我是A老闆的兒子，家逢不幸，又忙著接班，所以未能達成您的期待，懇請豐田社長諒解，暫緩降價的要求。」

沒想到，豐田社長直接問他：「你小便變黃了沒有？」

他愣了一下，也猜不透豐田社長的意思，只得默默地離開了。

回家後，A的兒子左思右想，徹夜難眠；第二天，照常進公司擔起董事長的擔子，累了一天，想到要降價二%，又睡不著了；來到第三天，早上起床，一上廁所，A的兒子發現自己的小便變黃了──他恍然大悟，原來心有罣礙、輾轉難眠，經過三個晚上，火氣升高，小便自然變黃。

如果心中有煩惱，自己要想辦法去解決，以A的兒子來說，解決之道並不是直接去找豐田社長，將降價的責任轉嫁給他——畢竟，直接請求外人原諒，是一條最簡單的捷徑。

而當A的兒子再跑去見豐田社長說：「我小便變黃了，因為我被你拒絕後，並沒有為這件事產生怨恨，反而是自己思考怎麼解決難題，才會輾轉難眠，這是自我要求成長最負責任的辦法。」

最終，經過A的兒子全心全力地努力工作，三個月後，不但達成豐田社長降價二%的目標，還超出了豐田社長的期待。

所以，凡事要先求自己，也就是郭台銘常講的一句話：「自助、人助、天助。」

# 大排場？其實超庶民

郭父出身山西省葛萬村，
郭台銘曾說過：
「我是山西人，吃碗麵、水餃、包子，
就很舒服了，這才是真正的自我。」
與他同桌吃飯、一起出差，
才知道這位台灣最有錢的人，
排場不多，生活也可以很簡單。

很多人被郭台銘招待之前，可能都會抱持不切實際的期待，會是山珍海味嗎？魚翅燕窩嗎？統統給我上菜！（對，我內心的小劇場再度奔騰……）

我第一次登門面試，對郭家晚宴有無盡的幻想，沒想到菜餚一道道上桌，竟然是吃水餃——台灣首富的飲食也挺庶民的嘛！

郭台銘家宴餐桌上的「定番料理」多半是水餃、米粉、滷肉飯（後來太頻繁吃這些健康又庶民的食物，讓我們這群年輕幕僚紛紛往外覓食……）。而郭台銘家的水餃，其實包著令我掉淚的故事。

郭台銘常常對我說，家裡最好吃的食物便是阿昌大廚製作的水餃，每當他到深圳出差時，總念念不忘這味道。阿昌大廚是何方神聖？這故事，得從郭台銘的先妻林淑如說起……。

林淑如剛嫁給郭台銘時，不太會下廚，但為了體貼另一半能時時吃到「媽媽口味的水餃」，很認真向郭台銘的母親（郭初永真女士）學習，從頭學擀麵和準備餡料，出師後，甚至還指導深圳龍華廠的廚師。除了以海鰻入餡的水餃，還有以菜豆包的包子，也是一絕，訣竅是蒸一定的時間，要再灑點水。

後來很不幸地，她因乳癌在二〇〇五年病逝。過世前，林淑如經歷一段漫長的化療，有一天，郭台銘下班，發現家裡多了一位廚師，卻不知道，妻子自知身體可能不行了，決定把從郭老夫人身上學到的手藝，再傳承給這位廚師。

前前後後，林淑如花了一年多的時間指導阿昌大廚，直到離世，連買豬肉都一一叮囑，向哪個攤子採買？用哪個部位的肉？一切都是用心。而為了配合事業心強的郭台銘不固定的下班時間，先包好的餃子就存放在冰箱，若是郭台銘回家肚子餓，立刻燒水，水滾下餃子，浮起就有得吃。

因此，在林淑如離世後，郭台銘仍可以吃到一模一樣口味的包子、水餃，他甚至能夠日日吃，趕赴國外開會時，也是一個包子就打發一餐，那應該是他最喜歡吃的口味吧？

郭台銘甚至曾想著，如何把自家的冷凍水餃、包子從台灣送到深圳？因為他在深圳出差時，當地廚師可不比曾經接受「少林寺訓練」的阿昌大廚。若家裡有重要客人造訪時，他也一定端出他最寶貝的水餃、包子招待。

他的念舊，由此可見。明明餃子、包子都沒加洋蔥，卻讓我第一次在餐桌聽到這個故事時，眼淚忍不住滴了下來。

## 鴻海版的「料理東西軍」

郭台銘曾說，工廠管理是「走出實驗室，沒有高科技，只有執行的紀律」。因此，當他去員工餐廳用餐時，就連中央廚房都會被他盯上。猶記那時，由於中央廚房人力短缺，好一陣子都不太改變菜色，郭台銘曾經連續一、兩星期都吃番茄蛋花麵，讓他忍不住抱怨：「為什麼好多天都不讓大家吃到白米飯？」他不希望員工餐廳因為廣大的「內需市場」而怠惰，甚至失去競爭力。他靈機一動，「如果用市場公平競爭，難道還會天天吃一樣的菜色？」

郭台銘不是光說不做的人，隔天早餐，員工餐廳依舊上菜，但他拿出手機 APP，使用中國大陸最火紅的美團外賣（類似台灣的 Uber Eats、foodpanda），請外送員把餐點送來廠區。接下來好幾天，郭台銘親自主持鴻海版本的「料理東西軍」，日日 PK 員工餐廳食物和外送來的餐點。他自己充當裁判，甚至還會提前指定菜色，譬如明天早餐是「燒餅油條夾蛋」，他一邊吃還會一邊點評：「內餡的炒蛋是自家員工餐廳做得好一些，但燒餅、油條則是外賣更勝一籌……」

經過幾天的磨練，深圳廠區的員工餐廳品質真的明顯改善。

## 原來首富這樣生活

吃飯之餘，你想像中的郭台銘是否豪氣干雲，酒量一流？

答案其實恰好相反。

我曾經觀察，中國大陸企業界的宴席，大概兩、三道菜之後，大家就再也沒有回到椅子上，而是像跳交際舞一般，不停地相會、敬酒。郭台銘的酒量其實不算好，但身為企業大老闆，每場應酬都是為了集團對外的重要合作，所以往往撐著身體，直到離開宴席才放鬆歇息。

除非是必要的應酬，或慶祝些什麼大事，郭台銘則是滴酒不沾。

與員工在廠區同食同住之外，郭台銘也與員工「同醫」──當郭台銘把台灣的牙醫延攬到深圳、開了牙醫診所之後，他本人也去那兒看牙。有一回，郭台銘看完牙，卻板著一張臉進辦公室，還召集幕僚和牙醫師一起開會。他直說：「這一間牙醫診所不夠好！」他躺在診療椅上，腳竟是懸空的，「這樣患者怎麼會舒服？」

（連看個牙醫都可以挑出毛病！）

郭台銘於是要求，重新設計診療椅，讓椅子可以伸縮。又因他隔天需要再去看牙，因此一切動作都得非常快——儘管我當下有點翻白眼，但細想，這吹毛求疵的過程，除了是郭台銘對於顧客需求的敏銳度，也是他致力提升使用者體驗的精神。

# 很獨裁？天大大不過一個理字

郭台銘白手起家，
而支持他的力量除了來自於家人，
更是三個字：理、情、法。
在鴻海集團，他開誠布公的經營理念就是——
「天大，大不過這一個理字」，
而這個「理」字，
必須建築在集團整體利益基礎上，才是「正理」。
與其說他獨裁，
其實他更像是捍衛自己事業的人，
同時也是守護一大票員工生計的老闆。

郭台銘是老闆，但他就比較厲害？

在他的思維裡，我想絕非堅持己見，自以為講話比較有道理；他理想的討論模式是：眾人坐下來一起思考，到底什麼樣才是對的策略？每個人都會從對自己最有利的角度挑選「大道理」；但一個團體、一個公司、一個集團，這個「理」是代表集體最大利益的道理。任何人或團隊產生爭執，每個人所依據的道理必須要站在整體最高利益為依歸。而只要站在這個「理」字之上，誰都可以找他抬槓。

所謂的「理」，是邏輯。當郭台銘聽到有邏輯的分析、甚至用數字來說服他，他會更開心；在鴻海裡面，大家都說郭台銘霸氣，但郭台銘曾強調，他是「霸氣」，而不「霸道」——所謂的霸道是不講道理，郭台銘氣勢凌人，是因為願意擔責任；更重要的是，他信奉道理，這道理就是全公司總體經營的績效，就是團隊合作。

然而，若是在會議裡沒有人可以與他討論，或是大家對討論的議案沒有想法，他反而會比較不開心，當他在面臨每一項企業經營上遇到的大、小問題，對郭台銘來說，解決問題的過程、評估後下的決定，無一不是相當寶貴的經驗，也是公司未來管理階層的養分。因此他不吝於開放自己的會議室作為「郭老夫子學堂」，如果高階主管不帶年輕的潛力好手進來「聽課」，他還會悶悶不樂——終究，郭台銘還是鼓勵「百家爭鳴」。

## 保持初心很重要

所謂的「理」，是誠實。在我表達「願意加入鴻海」的那一天，郭台銘很認真地告訴我，希望我「保持初心、莫忘初衷」；在郭台銘眼中，我是一位吃了「誠實豆沙包」的年輕人，甚至有點「白目」，願意說出自己的心內話。

郭台銘出國洽公時，常喜歡帶著孩子一起同遊，忙碌之餘也撥空享受天倫之樂。有一回，他帶小女兒去公園溜滑梯，卻沒有意識到自己的步伐，只是一味往前走，此時，卻惹得小女兒不開心——

郭曉嫚直接告訴他：「我不喜歡你，你走太快了！都不等我！」小女兒皺起眉頭，便停在原地不肯再走。

郭台銘用這個故事，告訴員工：保持初心很重要，小朋友不喜歡你，就清清楚楚告訴你，但長大的我們，為什麼反而不敢說了？當你在企業中，覺得不對就要說，這是郭台銘的企業文化；若是組織看似風平浪靜，其實可能是因為大家都不願意說出己見，實則暗潮洶湧。

在郭台銘的近身主管群中，他會分出「喜鵲」和「烏鴉」兩類：喜鵲對任何事物抱持樂觀態度，或是一般人說的報喜不報憂，但群體中，不能人人都是喜鵲，還是要有杞人憂天的烏鴉，預見風險的可怕。

要有勇氣擔任那一隻烏鴉，需要的正是一本初心的堅持。

而當烏鴉的起步，正是要勇敢發聲——我們幕僚群曾經到郭台銘家一邊開會，一邊吃便當，吃完之後，還端上芒果請我們吃，那芒果真是好吃到唇齒留香。會議結束之際，我瞥見郭台銘絲毫沒有動他的芒果，忍不住走上前，告訴他：「這樣好浪費喔，而且這芒果挺好吃的，能不能把你沒吃的芒果給我吃？」當下一旁的主管們見狀，或許都替我捏了好大一把冷汗。

沒料到，郭台銘突然哈哈大笑，扯開喉嚨跟大家說：「如果真心覺得好吃、想吃，就應該說出來，我要再送高虹安一顆芒果，當是獎勵。」其實，不只是芒果，我一直記著郭台銘那天告訴我的「保持初心、莫忘初衷」，因此在他身邊，我很樂於表達真實己見，看到郭台銘穿的衣服不適合他，我會直說；見到他吃飯沾到衣服，我也會提醒一聲。

## 有話，請直接對郭台銘說

保持初心的溝通很重要，初心，就是沒有世俗感染的心裡話。但老實說，很多人在郭台銘面前，也許是忌憚於他的氣場，變得怕說錯話、甚至不敢講話，這反而不是郭台銘想要的狀況。

郭台銘不愛聽奉承的話：有一回，一位新進員工加入會議，有時當郭台銘發現有生面孔，會在會議開始前，先與新同事打招呼，寒暄一會兒之後，新同事突然說：「董事長，你今天穿這樣好帥……」

一般人聽到稱讚，應該是滿快樂的，郭台銘卻回說：「你是真心認為我今天穿這件POLO衫很帥嗎？」這下子，換這位新進同事傻住了；後來，會議揭開序幕，郭台銘立刻大聲訓示：「我還是希望，身邊的人對我說真心話，不要因為我是總裁，便講一些違心之論。如果人人都這樣，我怎麼管理公司？」隨後他轉頭看我──

「像是高虹安，就會直接說，我穿的衣服怎麼都這麼邋遢？吃東西掉在衣服上、還有污漬……她就是說真話。今天，我身為統帥，最重要的責任就是做決策，如果你們給我的資訊是錯誤的、是經過粉飾的，那我怎麼能做出正確的決策？」郭台銘說完，換我傻住，我哪有這麼直言不諱啊？

# 鋼鐵人？他不怕痛，卻有最柔軟的一塊

郭台銘宣布投身大選時，
警大前教授葉毓蘭在臉書說：
「藍營的鋼鐵人史塔克已經出現了！」
其實，郭台銘真的是挺「鋼鐵」的，
除了有鋼鐵意志，
就連皮肉，
似乎也比尋常人不怕痛。

與其說郭台銘「鋼鐵」，我以一個理工人的角度，還是不免會從另一種面向思考，是否他的神經比一般人更不敏感，還是神經傳導的訊號較弱？當我們大喊痛的時候，對他來說，也許只是蚊子叮一下的感覺？

## 其實郭台銘只是好奇寶寶

二〇一九年三月，郭台銘在深圳龍華廠開了一間牙醫診所，禮聘台灣的牙醫師輪流過去駐點，服務當地的全體員工。看牙，一般人可能痛到受不了，要分多次治療，郭台銘為了省時間，請牙醫一口氣完成治療，還運用可拍攝8K影像的攝影機全程記錄，甚至看牙過程當中還一直思考導入sensor（感測器）蒐集數據、結合影像處理，分析牙齒治療後的日常變化——就如同他一直強調的，關鍵人才的時間非常寶貴，郭台銘這般不怕痛，也代表了他很有毅力、意志力，也能忍人所不能忍。

郭台銘不僅看牙不怕痛，罕有人知的還有，曾經鴻海某項產品進入「測試生產」階段時，郭台銘親自用手指去測試，有時候還會割傷他的手，儘管鮮血直流，他也只說「產品不合格」，要再修正。畢竟「研發」與「使用者體驗」是兩回事，這些3C電子用品可都是廣大消費者要貼身使用，若是金屬的邊邊角角太銳利、割傷人，這可是不得了的大事。

旁人說他是作秀，但旁人不知道的是，郭台銘自己就是一個好奇寶寶。

那到底郭台銘怕什麼？

郭台銘常常告訴小女兒，要乖一點、聽長輩的話——小女兒卻說：「爸爸，你是家裡最大的嗎？那奶奶呢？」

才三、四歲的小朋友，就知道拿奶奶來「壓制」郭台銘，可見世界上，一山還有一山高啊！孩子知道奶奶比較疼愛孫女，若是被責難，可以拿奶奶出來擋，而「家人」正是郭台銘心中最柔軟的一塊。

## 「錢媽」眼中的郭台銘

／鴻海集團副總裁兼總財務長黃秋蓮

外面的人叫我「錢媽」，因為我管錢，每個人都跟我要錢。其實「人」是這樣子，錢有些「控制」

的話，才會花錢有節制。

譬如說鴻海在採購時，會去議價，詢問供應商為什麼沒降價？又或者是問事業體單位，這個月利潤為什麼這麼低？這些都要盯，盯住了，自然大家會多想一下──若不賺錢還要花錢，則得先寫一份報告來看看，確核必要性，才能把錢花在刀口上。

鴻海並沒有做太多槓桿的風險投資，而是以財務的需求、資金的進出，做好避險；鴻海應該做的，還是著重在本業上，去開創事業，並幫公司節省更多的利潤出來。

郭台銘一直認為，錢應該是要花在技術方面，或者是投資先進的設備儀器；至於辦公，只要堪用，不需要太豪華。早期，鴻海工廠外面並沒有貼磁磚，只有抹水泥，快遞送包裹來，還打電話說：「這是冷凍廠？請你們下來收件……」讓人啼笑皆非。

但是當你一走進工廠，全世界最新的設備，不管是檢驗設備、模具設施，或是鴻海自行研發的電鍍設備，看似倉庫的工廠，卻是一應俱全。

鴻海還「小」的時候，真的是沒有錢，常常要到處去借錢、軋三點半，所有親戚都借過一輪，也真沒人敢再掏錢出來；當初，我負責管倉庫，郭台銘常要我盤點，看看原料還可以用幾天？用到最後一天，我再去進料，那時候，鴻海真的沒有庫存，就連原料都沒有庫存，產出隔天，就要趕快送貨；請款了，再繼續拚。

從控制生產、進料、出貨，郭台銘的把關非常認真。

而郭台銘每天跑完業務之後，每一筆付款、簽傳票，不論大錢、小錢，都會自己簽過──但，他也因此抱怨，都是我操壞他的身體，每次他一上車，我會拿出一袋傳票，在晃來晃去的車上一筆一筆簽，視力就這樣晃傷了。

郭台銘是霸氣，但不霸道。

我們常常會給他很多意見，甚至是發牢騷；郭台銘晚上回去深思熟慮後，會檢討自己做的決定是否正確。

而郭台銘人生最辛苦的階段，是先妻走了（二〇〇五年），接著三弟也走了（二〇〇七年），那真的很不容易走出來——林淑如女士跟郭台銘白手起家，下工廠去趕貨，到處去出差，不曾享受過；員工發牢騷，林淑如還會安慰這些老同事。

林淑如辭世後，郭台銘勉強寄情於工作；但接連著三弟生病，他幾乎無法接受，打擊簡直比太太辭世還要大。

郭台銘找遍了全世界的名醫想幫助弟弟，不管是幹細胞，或各種尖端醫學方法，無不嘗試，還送到北京去治療；每天早上、中午、晚上都去探望弟弟——他說，三弟是他從小背著長大的，一起打彈珠、打尪仔標，感情真的是非常好。

天不從人願，數年內，郭台銘失去了摯愛的太太、疼惜的弟弟，那是雙重打擊，結果，他還是繼續投身工作，讓工作更忙，便可以忘掉他所有的痛苦。

郭台銘挺過來之後，發了一個心願，化小愛為大愛，捐贈成立「台成幹細胞治療中心」；而由於妻子當年罹患乳癌，他也想精進這一方面的醫療研究，並與台大攜手合作，捐贈百億、花費十年籌建了台大癌症醫院。

後來，郭台銘與曾馨瑩再婚，也完成公證，把百分之九十財產捐作公益事務──郭台銘就是希望，他取之於社會，也要用之於社會，造福更多的人，他是個內心非常溫暖的人。

或許，郭台銘是因為有太多的創傷。

走出親人離開的打擊，郭台銘是非常愛家的，常常開會到一半，會喊暫停，先去撥個電話，跟媽媽、孩子互動——而郭台銘對母親的孝順，也是無可比擬的，他心中，沒有媽媽就沒有今天的他；鴻海一九七四年創立之際，資金調度困難，第一筆資金新台幣十萬元，正是郭台銘母親標會來的，從草創到茁壯，郭媽媽給郭台銘最大的支持和力量。

# 很神祕？透明的行事曆

郭台銘的一些發言，有時會讓人覺得充滿世代之間的不理解，甚至讓人以為他是慣老闆，以為他平日開遊艇、生活愜意——殊不知，這樣的想像大錯特錯，進一步審視郭台銘的行事曆，其實非常透明，而且節奏緊湊。

郭台銘曾分享一個身旁朋友的故事：

某家大企業董事長出國一星期回來，他的機要祕書去接飛機，董事長一上車，劈頭就交辦一堆事情。車子開到公司門前，祕書下車幫忙開門的時候，董事長說：「剛剛交代你的事情辦完了沒有？」

面對下屬，急性子的郭台銘會打預防針：「我常常一邊快走，一邊交辦任務，然後上車，抵達目的地，下車時，便會問辦妥了嗎？這時候，你要規勸我……」

鴻海的時間和節奏比多數企業快，老闆交辦的任務不是「下週」完成，而是「明天」就要完成，所以負責的人要有自覺；但，要求歸要求，有時還是會忽略給幕僚足夠的執行時間。這時候，他就需要被提醒，而貼身幕僚往往因跟在郭台銘身邊做事多年，也能運用讀心術掌握老闆辦事的優先順序。

## 攤開郭董行事曆

鴻海有不少與郭台銘一起打拚超過十年、甚至二十年的高階主管，一路成長，那種拚搏的精神充滿熱情。而郭台銘也以身作則。攤開他的行事曆，從早上六點半開始與主管群爬山，隨後進工廠，一路忙到晚上十、十一點，全部填滿——郭台銘就等於是鴻海，他幾乎把一切的時間都奉獻給公司。

不少人也好奇，郭台銘哪有時間運動？其實除了假日他會打打高爾夫球以外，平常他抓住每分每秒運動，譬如說我們乘坐地鐵時，他不是慢慢走，而是以接近跑步的速度向前衝，加上他的步伐大，很多時候他明明是用走的，幕僚還得跑起來才跟得上；甚至是連等班機時，他也曾經和我的指導教授李傑在候機室裡一起練習深蹲，一點也不浪費時間。

鏡頭前，郭台銘滿是武裝、精明，但鏡頭之外，他非常奔放，只因鏡頭使他不自在，而顯得拘謹、彆扭。

平常在家裡，或是待在工廠，郭台銘都穿著舒適的便鞋，在會議室內常穿著拖鞋或甚至不穿鞋子，你看到的他，永遠是非常怡然自得——聽到有趣的事情就開懷大笑（而且他笑點很低），聽到不對的事情就出言反駁，不會受限於外界覺得領導者就該沉穩、寡言的刻板印象。

至於我，身為組織的小螺絲釘，不免考慮很多，包括上司的想法、客戶的回饋。但郭台銘不需要，他只要表現最真實的自己，毋須隱藏什麼東西，與其說是霸氣，毋寧說他是真實地做自己。

選舉過程當中，不可諱言的，在發表政見時，郭台銘發言十分緊張，一直看稿，甚至會口吃，說得嘴角盡是白沫，但那是鏡頭前的他；鏡頭外，他能夠展現笑容，滔滔不絕、樂於傾囊相授，那才是最真實的他。與其說是老虎總裁，不如說是講道理的阿伯，還更加貼切呢。

## 做自己，正是一種感同身受

曾經有一回，郭台銘獲上銀科技邀請，以「全球美中貿易戰機械產業之危機與轉機」發表演說，三大中部機械製造產業相關公會（機械工業同業公會、工具機暨零組件公會、模具工業同業公會）理事長及會員廠商都到場聆聽。

但當時因為國民黨臨時通知，要召開初選同志座談會議，郭台銘上午在台北國民黨部的會議超時，趕抵台中上銀科技時已經遲到，兩、三百個人在台下。此時的郭台銘應該趕快衝上演講台，但上台前，一位聽障人士趨前、請他簽名。

其實，郭台銘對長者、孩子、病人、窮困者，有著一顆無比柔軟的心，見到這位聽障人士，郭台銘立刻停下腳步，慢慢傾聽他說話，說著說著，竟有十分鐘之久，就連我示意，請他趕快上台，郭台銘也不以為意。

當聽障者說完之後，眼角泛著淚光，他需要的，也許是有人願意停下腳步，理解他，而郭台銘的「做自己」，正是一種感同身受。

## 為台灣搏感情，人脈日不落

繞著地球跑一圈，每個地方都有郭台銘的朋友，說他是「日不落的人脈網絡」也不為過；然而，為什麼在選舉時，眾人都說郭台銘的口才不好？

這很弔詭。

平時，郭台銘在「交朋友」時，那樣的率真與直接，我想沒人會說他的口才不好；然而換一個環境，進入政治的場域，卻變成笨口拙舌，那是因為他根本吐不出政治的口水，他的掙扎正有如伊索寓言裡的「父子騎驢」：

有一天，父子牽著一隻小驢到市場，準備把小驢賣掉，但走了沒多久，迎面而來的路人說：「沒見過這麼笨的人，有驢不騎，寧願在地上走。」

父親聽了這話，就讓兒子騎在驢背上，繼續往前走著；不久，一位長者經過，他說：「這年輕人真不孝，讓老父親用走的，自己騎在驢背上。」

於是，父親讓兒子下來，自己騎上了驢背。走著走著，又遇見一對母子檔低聲說：「這老頭真殘忍，居然忍心讓孩子走路，自己騎在驢背上。」

父親只好讓兒子也坐上驢背。當他們快要到市場時，遇見了一位先生說：「你們怎麼能這樣欺負動物呢？你們非但不該騎牠，還應該扛著牠才對啊！」

要是郭台銘維持他率真的個性，他很容易在政治上被認為失言，但包裝過頭了，又會失去真我，顯得綁手綁腳——他不希望作假，而是希望保留最真實的自己。

後來，郭台銘去沙烏地阿拉伯參訪，推動沙烏地阿拉伯王室調降對台簽證費用，被不少網友說是從民間推動外交的「最強外掛」，但就連談一個簽證問題，都會有人狠酸「八十美金也付不起去觀光」，或是「沙國不開放觀光」等——殊不知沙國正由封閉走向開放。台灣人當年「一卡皮箱」（現在可能是一支智慧型手機）打拚的精神，在這樣的市場是大有可為的。

理智上，郭台銘明明做對了一件事情，卻因為參選，被台灣的外交官員圍剿，彷彿毫無貢獻——這便是政治的可怕之處。

人人欣羨模特兒，
只因模特兒總能穿上最新的華服，引領風潮；
倘若會議室是伸展台，
郭台銘自言是「思想模特兒」，
日光燈管彷彿成了聚光燈，
他匯聚眾人意見，自有一套管理哲學，
在鴻海閃閃發亮。

# 第三章

# 思想模特兒——獨門管理術

# 會議時刻

會議中，郭台銘沉浸於自己的「演出」，
控制著會議的節奏和深度，全心奉獻；
他常常會有一些創新的想法，
也自稱是「思想模特兒」，
大步向前，縱橫商場，
他的腦子時常迸發出新點子，
這是商人性格，
更是他掌舵鴻海的真本事。

什麼是創新？郭台銘的答案很耐人尋味，就是「老猴子玩出新把戲」（Make a difference and can be better）！

與我見識過的企業領導者相比，郭台銘有一個有趣的地方：平常開會時，大老闆通常是坐著聽下屬一一報告，但郭台銘不是這種style。若是你有機會來到鴻海開會的現場，放眼望去，當主管們一片西裝筆挺，郭台銘會率先「發難」，要大家別這麼拘謹、穿得舒服一點，穿POLO衫開會也可以，西裝外套也可以脫下來。

等大家報告完一輪（甚至只是略讀過簡報），郭台銘很快就能抓住重點，同時開始評論，於是會議全場，八、九〇%的時間都是郭台銘在發言，要是你無法接住他拋出的球，他便開始自問自答。

而郭台銘的學習熱忱和學習能力，也讓他在每次開會中，都能得到一些智慧來源，他也享受這轉化、自我產出的過程；於他而言，所謂的「學問」，是多學多問、學著發問。他歡迎與會者跟他唱反調，因為激辯過程中，往往能釐清更多盲點；當然，如果你能夠講出連他自己都沒想到的點子，他會更開心。

畢竟，真理愈辯愈明。

## 養成野獸般的直覺

論戰中，高階主管們已經養成「野獸般的直覺」，碰到自己該給意見的時刻，耳朵就會自動拉長。以我來說，只要是聽到ＡＩ、大數據、工業互聯網這類關鍵字，警報器就會「嗶嗶嗶」啟動，準備好隨時接招。

每次重要會議後，郭台銘會用電子白板，寫下結論與注意事項，透過網路，立刻傳送給相關人等。白板上的內容也會寫入資料庫，直接雲端建檔——他有個好學生的習慣，在每一次電子白板書寫前，一定會在左上角寫明日期、開會主旨，若是主管要向他報告，他也要求「先用一句話說清楚要報告的內容」，再開始會議。若無法用一句話下標，代表該主管並未釐清思緒，那會議恐怕就很難開下去了。

身為老闆，郭台銘常常說「簽字」就代表著「牽制」，任何決策，一旦老闆簽字，便牽制了老闆自身，甚至整個團體的行動。所以當郭台銘寫白板之際，若是重要的宣示，他便會在角落簽上自己的名字，再傳遞給公司上下。這是他負責任的表現。

郭台銘很重視會議的與會者，以我的觀察，要當他的祕書絕非易事。每天早上，他可能會因為會議出席者安排得不夠周全，斥責祕書好一會兒——他永遠都會告訴自己、告訴高階主管一件事，今天坐在這間會議室裡、坐在這個職位上，都是有責任的，必須肩負起一大群人背後家庭的生計。決策稍有閃失，被衝擊的人就是成千上萬。

然而，必須要強調的是，在郭台銘的領導統御中，錯誤並不可怕，可怕的是一再犯同樣的錯誤，成功的法門無他，正是「向失敗學習」。

# 被罰站的奧義

初次在鴻海被罰站，
我腦海中閃過的第一個念頭是「丟臉」，
一個女孩子在這麼多人面前被晾著、站著；
然而，當你起身，便成了全場焦點，
剛剛在底下滑手機、用電腦的雜訊
瞬間一掃而空，
一轉念，我會逼自己專注看事情，
從更多層面切入。

郭董曾經多次跟同事說這樣一個笑話：

年過四旬的新婚夫妻洞房花燭夜，隔天早上起床，老公迷迷糊糊，從口袋中掏出了二千元給他的新婚夫人，而她迷迷糊糊地收下，並從枕頭底下中掏出二百元，準備找錢給枕邊人。

以此說明人不太容易改掉過去的思維及習慣，郭台銘說：「當你身為主管，換了位置，腦袋也應該跟著換！」經營鴻海超過四十年的經驗，讓郭台銘能夠很快地一眼看出，與他對話者的高度在哪？思考的邏輯是工程師，還是企業主管，甚至是一位小老闆？倘若今日，這位員工必須從工程師蛻變為企業主管，卻沒有換腦子時，便有可能被——罰站。

## 我也曾被罰站過

郭台銘對於工廠有「即時發薪」這樣的想像。試想，如果你是一位生產線上的技術人員，只要每完成一項指定工作，或生產出一件良品，手機就會第一時間將薪資匯入戶頭，達到激勵現場的目標——目前，鴻海技術人員除了有本薪，還有達標後的激勵獎金。在深圳龍華、觀瀾、鄭州太原等廠區，手機 APP 上可以每日日結薪資，同時，員工可以用 APP 在線上虛擬商城「富連網」消費，線下，則可用 APP 在園區內的實體店面消費。

換言之，鴻海的生產線上，連接生產機台、製造系統、自動化機器人等終端系統，蒐集關鍵、有效的數據，再送至雲端儲存和分析，進而推送相關決策支援給對應工作人員。這是郭台銘首創的六流（人流、過程流、物流、資訊流、技術流、金流）系統應用。

目前線上生產跟發薪水的金流系統，在大多數的工廠仍是「兩個世界」。畢竟生產管理流程績效定義、資通訊基礎建設布建等面向，都是需要業主勇於投資跨越的門檻，而鴻海在運用工業互聯網、打通訊流和金流這方面，確實是領先同業，幕後的推手正是郭台銘。

曾經有一位矽谷的新創顧問對郭台銘說，可以瞭解一下美國矽谷新創獨角獸[1]——團隊溝通平台 Slack。借助 Slack 的力量，製作專案管理手機 APP，把全部工廠網路化，資料第一時間上傳手機，上自郭台銘，下至現場作業員，都可以用手機直接遠端遙控，掌握工廠的第一手狀況，甚至瞭解自己是否真正「論件即時計酬」。

1 意指估值達十億美元以上的公司，因極其稀有，故名之為「獨角獸」。

成立於二〇一四年的 Slack，向企業提供商業通訊功能，與中國大陸的釘釘和商務版QQ類似，被視為矽谷最有價值的創業公司之一；Slack 聯合創辦人兼執行長巴特菲爾德（Stewart Butterfield）多年前就開始了在矽谷的創業生涯。他曾創立圖片分享服務網站 Flickr，並於二〇〇五年出售給雅虎。

於是，郭台銘想更進一步地瞭解這一家公司——去年七月，就在我們跟川普參加完威斯康辛州動土典禮之後，郭台銘也特意繞去美國加州灣區拜訪 Slack 團隊。

當然，在我們要去拜訪 Slack 之前，做足了準備工作、徹底分析這一間公司的產品——除了 Slack 以外，負責該專案的鴻海主管也研究了遠距視訊會議的解決方案，包含了「Zoom」這款軟體。Zoom 在二〇一一年由 Cisco 前副總經理、華裔美國人袁征（Eric Yuan）於矽谷成立，管理者可以直接遠端視訊，就算不站到工廠第一線，也可以瞭解生產端的一舉一動；另外，為大眾熟知的臉書亦在技術研究對標的選項中。

會議中，當專案主管口沫橫飛地報告著細節，我聽得入神；沒想到，話才說完，就立刻被郭台銘罰站，我當下沒聽出有什麼問題，郭台銘順勢接著問我，我同樣從技術、軟體功能的觀點切入剖析——

就這樣，我也被罰站了。

那是我進鴻海之後，第一次被罰站，初次在鴻海被罰站，我第一個念頭是「丟臉」，畢竟我一個女孩子家，在這麼多人面前，眾人皆坐我獨站（儘管前面已經有人先被罰站了），著實很不好意思；但當自己一站起來，便是全場焦點，不可能窩在底下滑手機、用電腦；一轉念，我會逼自己看事情時，從更多層面切入。

我一邊站著，一邊思考自己可以如何做得更好？怎樣避免再度被罰站？最後，郭台銘揭曉答案，以企業經營者的視野來說，光是從軟體功能的角度切入是遠遠不夠的，而必須從市場面綜合分析——今日，如Zoom、臉書這些美國的公司，有辦法進入中國大陸市場嗎？短時間內是不可能的。

因此，就算美國軟體企業的服務再強，從第一步「移植」到中國大陸就充滿了重重難關。這是在二〇一八年的事，而後來的美中貿易戰演變到科技戰、愈演愈烈的態勢，也證實了當初郭台銘對大局的洞燭機先。

## 毋須提醒的自覺

另一次「爬山罰站」的經驗，也讓我印象深刻：每當我們在深圳廠區辦公，早上六點半，郭台銘會邀幕僚一起爬山，高度大概有四十層樓（象山約是五十層樓）——那是一個星期一的早晨，郭台銘一見到我現身爬山的行列，顯得十分驚訝。

「妳昨晚去哪裡啊？我以為妳回台灣了！」郭台銘說。

「我趁放假跑去買東西啊！」我回應。

「那妳知道，昨晚陳教授帶了一些從台北來就讀香港科技大學EMBA[2]、投身新創的學生來晚餐……」郭台銘拉長著臉。

2 為在職工作者規劃的學位。

「我知道啊！」其實，我隱約知道自己應該參加這場晚餐會，但因為沒有人邀我，我便決定溜出工廠了。

「如果今天妳的薪水在這個月沒有入帳，會不會來找我？如果會的話，為什麼晚餐沒有人邀請，就不主動詢問？這樣的聚會跟妳高度相關，他們是一群年輕人，有妳台大的學妹，更有不少人是創業家，我原以為妳是因為回到台灣而缺席，想不到是跑去逛街，妳的自覺心在哪？」郭台銘說。

在郭台銘心中，鴻海主管們必須擁有四個文化態度：根植於內心的修養、毋須提醒的自覺、以約束為前提的自由、為別人著想的善良[3]。而郭台銘的這段當頭棒喝，就是告訴我欠缺了「毋須提醒的自覺」。

當我們好不容易爬到了山頂，他要我把這段「根植於內心的修養、毋須提醒的自覺、以約束為前提的自由、為別人著想的善良」大聲朗誦三次後，才能下山。他希望透過這樣的方式，可以讓我將這次的教訓記得更清楚，從錯誤中學習，之後不要再犯。

## 創業者的磨練

郭台銘曾告訴我，每一次他開口要同事罰站，都是因為這件事情很重要，站起來才能跟你說清楚。而且，其實他自己也很愛站著，當他人在工廠，通常不是待在自己的辦公室吹冷氣，而是在廠區裡走來走去。

表面上，「罰站」是一種手段，但更深層的思考是：他要加深你

3 這四句語錄出自於大陸作家梁曉聲，談「什麼是文化」，郭台銘在小吃店看到十分有感，便記下了。

的印象，當你站起來、成了全場的焦點，原先想躲起來滑手機、用筆電的念頭自然沒辦法落實，只好一邊站著、一邊逼自己更專注看待事情的本質。

罰站是一種，拍桌子也是一種，通常郭台銘在拍桌的時候，他的力道與聲音，大到讓我忍不住問他，老闆，你的手不痛嗎？他總是說：「習慣了，拍了四十年。」生氣拍桌對身體來說當然不見得是好事，神奇的是，當郭台銘生氣時，偶爾碰上醫療小組幫他量血壓，血壓竟然不會升高。

一次次看郭台銘大發雷霆，我意識到：他動怒不動氣，動怒是他管理的手段，而非真的生氣。他要極力促使「工程師思維」的下屬換腦袋，講話不能只顧慮技術，而必須方方面面都顧到——對於跟在他身邊、近身學習的人，他也常開玩笑說：「跟在我身邊一年，說不定就等於念了十年 MBA（企管碩士）。」

郭台銘要栽培的不是奴才，而是希望能夠在鴻海內部磨練出一群創業者，讓公司成為讓人測試、搶著走在前頭的實驗戰場，讓敢於負責、擁有能力者掌權分利——因此，在「棍子」之餘，郭台銘也從不吝惜端出「紅蘿蔔」，譬如把身旁最近的位子留給該場會議中的「最有貢獻者」、在全體員工大會公開表揚、股權激勵，甚至透過投資，鼓勵員工出走、成立屬於自己的公司。

也曾有一位主管，在簡報之後獲得郭台銘很高的評價，郭董當場立刻嘉獎，讓他可以直接在鴻海「直達天聽」——郭台銘說：「你表現得很好，我認可你的能力、高度和格局。你現在可以擁有和我直接溝通的管道，不用再透過祕書。」而這根郭台銘親手遞出的胡蘿蔔，對於人才而言，當然是莫大的鼓舞。

# 兩個口袋

「你的兩個口袋裡，都裝好劇本了嗎？」
郭台銘時常這樣問下屬，
要請示老闆前，
是否只有一條路給老闆選？
那樣還稱得上「決策」嗎？
在他心中，永遠要有計畫B，
也就是另一條生路。

中美貿易戰在二〇一八年春天掀起驚濤駭浪。

二〇一八年三月二十二日，美國總統川普簽署備忘錄，宣布以「中國大陸偷竊美國智慧財產權和商業祕密」為由，依據一九七四年貿易法第三〇一條，指示美國貿易代表對從中國大陸進口的商品徵收關稅，涉及商品總計估達六百億美元；中國大陸商務部緊接著祭出反制措施，向一百二十八種美國進口商品徵稅。其中，包括美國向中國大陸出口最多的貨品大豆——至此，中美貿易戰開打，何時能完全落幕？沒有人能說得準。

過去數十年來，中國大陸扮演世界工廠的角色。以白話文形容：美國一直向中國大陸「買買買」，美國的貨品賣往中國大陸的數量、價值卻不夠多——這是表面上的美中貿易戰引爆點；但更深層去審視，美中貿易戰背後其實是科技戰，是5G及AI人工智慧的戰爭。

可見得未來，工業製造供應鏈將被迫重新劃分，甚至可能要選邊站，「大」不再是唯一勝算，而產業布局分工的調整速度要更快，比起過去的十年、二十年一次，未來可能三年就要來一次。

身處美中貿易戰的格局，於台灣而言，是危機，也是轉機。

郭台銘觀察，台灣正面臨前所未有的策略轉折點，科技產業轉型與升級的壓力更大，但也是我們轉型為「數位大國」的契機。我們可以採取三大策略：一、輸出台灣經驗與優勢產業，達成智慧應用與系統整合服務的典範；二、對外深度耕耘新興國家市場，實現半導體產業鏈價值的極大化；三、打造台灣成為人才培訓與交流中心，類似日本政經塾或產業智庫，形成亞太產經的中央核心。

當台灣有人才、有平台，在國際上就有話語權。

## 點線面的彈性布局

美國與中國大陸是郭台銘的兩個口袋；就算是單看美國，郭台銘也有兩個口袋：除了他的本業電子製造，還有，花旗參。

為什麼是花旗參？川普在出席鴻海設廠的動土典禮時，不斷提到「製造業回流」，而製造業產業背後，意味著「就業人口」這樣的紅利。為美國勞動者創造更多的財富和就業機會，也降低美國對中國大陸貿易逆差的現象。

對於台灣人陌生的是：美國威州曾是全球最大，同時是最早的花旗參產地。全盛期時，當地擁有上千戶的參農；而今，只剩下約八十戶，該產業已經沒落了二十多年。

當郭台銘為花旗參品牌取名「鴻參」時，也特別題了詩句「鴻飛千里覓好參、海納百川覓好物、威州寶地聚天地精華、養氣補生當世首選」，直接印在花旗參盒內的型錄，顯示他對於此一品牌的重視。

為什麼郭台銘會想到花旗參的生意？一則，十分有生意頭腦的他，發現當一艘貨船將製造原物料運到美國威斯康辛州，船艙沒裝滿就回航，十分可惜，何不挖掘當地的產品載回；二則，事母至孝的郭台銘，本來就長期購買花旗參，給自己與母親服用，對相關事業自然感興趣。

於是，就在二〇一七年，郭台銘遠赴美國與威州州長簽約時，也同步與當地的花旗參農業總會（Ginseng Board of Wisconsin）簽署合作意向書。讓鴻海負責樂活養生健康事業的M次集團，以科技方法，加工威斯康辛州生產的花旗參，使其成為更容易消費的人參食品或飲料，進而擴大銷售至亞太市場。

鴻海人也展現驚人的購買力，當「鴻參」一推出，第一批一千五百盒立刻被自家員工搶購一空。這個另類的「第二個口袋」，展現了郭台銘的思考彈性：過去大家熟知的高麗參、東北參，都是所謂的熱參，性屬燥熱，以韓國來說，每年的產值高達十億美元；而美國的西洋參、花旗參，則屬於涼補，補氣不上火，目前產值卻只有兩億美元，尚有很大的發展空間。因此鴻海與當地的花旗參農業總會積極合作，不但可幫威州農民開拓華人市場，更意圖與一年十億美元規模的韓國高麗參爭高下。

去威斯康辛州參加動土典禮的隔天，郭台銘也帶著家人和幕僚們特地去了許氏花旗參農場，那是我第一次看到花旗參的種植農地、後續的處理製程。郭台銘看到當地參農偏傳統、以人力為主的生產流程，不免又眼睛發亮地停下腳步，開始和主人熱切討論，直到一旁急著想拔人參的小女兒拉拉他的衣角，才猶富興味地移動腳步。

鴻海的彈性、效率，永遠不只是做一件事，而是由「點」延展成「線」，進而布建成「面」的完整思考。

# 如海綿般學習

郭台銘管理這麼多主管，
是「將兵之才」之上的「將將之才」，
然而主要動力是
他很想要從這些精英身上學習，深入討論。
從製造、AI、面板，
他如海綿一般吸取養分，
學習欲望無比強烈。

在鴻海，舉辦教育訓練時，要回答三個問題：課程對不對？講師對不對？效果好不好？郭台銘很喜歡跟專家請益，一個月至少都會邀請三個專家，來主管會議分享切磋。

譬如台大財金系的陳教授，便曾來到高階主管會議中講授「職場素養」，通常郭台銘是在一間間的會議室穿梭，同時開好幾場會議，但陳教授那一回，他難得乖乖坐在會議室中，露出靦腆的樣子，說道：「我在工廠久了，手也容易髒，實在不知道該怎麼握手……」

恰巧，那一堂課，我就坐在他旁邊，他一邊學、一邊轉頭問我：「妳看一下，我這樣坐姿可以嗎？」我卻只注意到他的 POLO 衫上有乾掉的優格污漬，又說他頭髮有點亂，他不僅不以為意，還癟了一下嘴，趕緊要來毛巾，整理儀容。

後來，陳教授帶了四名優秀學生，到中國大陸深圳見習。郭台銘直接與鴻海上百位高階主管坐在台下，聆聽學生們給的反饋；郭台銘聽完之後，還問學生們：「畢業後是否願意到鴻海集團服務？」後來，這四位中真的就有一位到職了。

## 不要怕犯錯

另一回，郭台銘則是在清早讀報時，看到一篇由師大電機系助理教授、數感實驗室創辦人賴以威執筆的專欄，他在文中提到了「成長型數學思維（mathematical mindset）」的概念：

美國史丹佛大學數學系教授波勒（Jo. Boaler）與心理系教授杜維克（C. S. Dweck）提出了「成長型數學思維（mathematical mindset）」

的概念，他們相信比起天分，後天經歷的事件更能讓大腦成長、變化。重點在於遇到問題時，你是否具備「成長」而非「僵固」的思維。打個比方來說，如果答錯了一道數學題目，成長型思維的人會去看詳解，看不懂再去查課本，依然不懂再去問人，他相信只要找到正確的方法，他也可以理解弄懂這道數學題目。僵固型思維的人則可能一半放棄。把這兩種概念再推廣，僵固思維的人會認為數學是一門講求天分的學問，成長思維的人或許同樣認為數學很難，卻深信自己也能有機會學懂。

與成長型思維類似但剛好相反的是「數學焦慮」，意思是很多時候我們因為對數學過於畏懼、不安，反而會連原本可以弄懂的數學都不懂。這樣的邏輯告訴我們「學不好數學」與「恐懼數學」兩者可能不只是單純的因果關係，它們彼此交互影響。學不好數學的焦慮與恐懼，會更進一步拖累數學學習。波勒教授做了一系列的研究，開發出許多教材，目標都是培養學生正確的數學學習。或許，比起反覆練習習題，這樣新型態的數學學習方式，更值得我們參考。

讀完之後，郭台銘立刻要我去邀賴以威教授來演講。郭台銘認為，有部分鴻海主管太畏懼犯錯，殊不知，反而丟失了在錯誤中學習的機會──鴻海倡導「創業文化」，而創業的祕訣有三：一、不要距離自己的專業太遠，以免失掉自己的核心競爭力；二、創業團隊的成員不宜同構性太高，要能互補；三、創業團隊不要怕犯錯誤，做決定則要看領導力──「不要怕犯錯」正與「成長型數學思維」不謀而合。

每一次郭台銘找專家來演講，他自己便是那個玩得最開心的人；當天演講現場，賴以威教授透過摺紙，帶領我們重新感受數學的魅力，郭台銘也現場向旁人要了紙，加入一起遊戲。

郭台銘曾分享一個「獵犬」的故事：美國有一隻獵犬很厲害，每次打獵總是第一名，收獲最多，於是主人就多給了很多小費，這獵狗就更厲害了。有一天主人將獵狗升等，從此獵狗不打獵了，在辦公室喝咖啡——當技術、研發專長的好手，「晉升」為外國客戶來公司參觀的導覽員，是否便失去了戰鬥力、成長性？拔擢反而是相害？

擁有成長型思維的人不會讓自己停留原地，換了工作場域，也會督促自己持續精進。不怕犯錯的學習熱忱，正是郭台銘希望為集團建立的企業文化。

## 專家看郭台銘：在鴻海總部的演講心得

／台師大助理教授賴以威

郭台銘董事長說：「數學很重要！」

我不是在新聞上看到，而是親耳聽他對總部三、四百位高階主管，十幾個遠端連線的各地分公司主管員工這麼說。

前陣子因為一篇關於數學教育的專欄，接到鴻海集團高主任的電話。原來郭董事長覺得那篇專欄有趣，特別是應用「成長型思維」於數學教育的部分，想找我去總部演講。

「跟高階主管講數學？」

起先我讀了幾本企業管理書籍，思考跟數學連結。雖然真的找到一些有趣的資料，但想起小津安二郎的名言「我是賣豆腐的，所以我只做豆腐」，最終還是決定講數學教育，帶了幾百張色紙，準備現場來一段「數學實驗課」。

這是我印象最深刻的演講之一。

第一是，儘管聽眾不是老師、學生，不需要再學數學，但大家依然對數學很有興趣，數學實驗玩得很起勁（後來還有朋友傳臉書跟我說，他們從台灣遠端視訊，也都在同步動手做）。

第二是郭董事長驚人的數感。他在演講開始後一陣子抵達，坐下來幾秒就抓出投影片裡的一個邏輯不精準之處。這頁投影片講了幾十場，第一次被指出來。演講中我準備幾個用直覺思考會落入陷阱的議題，他都很快看出癥結點（連數學實驗也一下就做出來，實在是有點強）。

王永慶有一次要蓋大樓，他現場估算要花多少鋼筋、水泥，跟一個團隊花一個月精算得到的數據，只有幾個百分點的誤差。聽董事長談起這段故事，我才想到，企業家經營一整個集團，幾千億金流、幾十萬員工，他們是真的在活用數感的人。豐富的實際經驗，難怪會淬鍊出極度敏銳的數感。

還有跟數學沒關係的第三點：原本從報章媒體

上感覺郭董事長是位嚴肅的企業家，但實際交流後覺得他還滿親切的，而且對專業人士相當禮遇。雖然早知道片面的資訊不可信，但自己還是滿常在不知不覺中就被影響了。

「數學很重要！」

當郭董事長跟員工這樣說時，我也才知道他找我來演講是真的為了推廣數學，推廣成長型數學思維。工業物聯網、人工智慧、資料分析，這些鴻海現今著重的科技領域，背後都需要數學。因此，讓集團意識到數學的重要性，知道如何學好數學的心態，是非常重要的。

演講後的隔天，董事長跟我聊到，鴻海很歡迎電機系和數學系的人才加入，與相關的產學合作。我這兩天認識許多裡面的同事、主管也是相關科系。美國就業網站 CareerCast 曾經統計過，在美國，數學人才有非常好的工作機會。在台灣，看來這樣的時代也要來臨了。

數學很重要。這指的不是程序性的計算，而是懂得活用的數感。

郭台銘董事長都這樣說了，你不覺得嗎？

# 國際領袖交鋒

每當郭台銘與來自世界各地的人才交鋒，
譬如去國外開會，或是發表公開演說，
我都會覺得不可思議。
他的英文明明沒有非常流利，
卻可以開拓各種生意機會、爭取國外訂單，
可見，語言不是左右跨國交流的必要因素——
個人魅力、講話內容是否切中要害，
才是國際競爭力的關鍵。

見川普，連握手也是一門學問。

只要留意國際軼聞，便會注意到「川普強勢的握手方式」：「川普之握」名聞國際，不但出手力道大，還會把人往他身邊拉，讓其他元首失去平衡。先前，他與日本首相安倍晉三握手，一握就是快二十秒，讓安倍晉三面露尷尬。

後來，川普與法國總統馬克宏在北約高峰會上初次相見，握手也成為話題，兩位元首握得超級用力，久久不鬆手，等到兩人手都變白了，這才放開。

某位主管發現這則軼聞，便轉發給團隊內部，原只是想博君一笑，沒想到郭台銘在前往美國威斯康辛州動土儀式之前，竟還認真研究「如何與川普握手」；至於出訪前，鴻海幕僚細細反覆調整英文講稿就更不用說了。

除了川普，每當郭台銘拜會外國元首前，也會先讓幕僚徹底瞭解該元首當時關心的議題，鴻海有什麼可以配搭的「投資牛肉」，譬如就業、產業升級，甚至是選票動向，當下就可迅速拉近該元首與郭台銘之間的距離。

## 和川普的交手現場

二〇一八年六月，鴻海在美國威斯康辛州的面板新廠舉行動土典禮，郭台銘也率團赴美。第一站，便是赴威斯康辛州，除了動土，還跑去美國威斯康辛大學麥迪遜分校，積極延攬人才，在當地從事研發工作；第二站，他則造訪美國俄亥俄州的辛辛那提大學（也是我的母校），瞭解工業互聯網跟人工智慧的先進技術，事後也為鴻海招攬了不少實習生；經過一段暑期實習後，簽約了幾位優秀的海外人才。

最後一站，則到美國加州聖塔克拉拉谷（Santa Clara Valley），也就是矽谷的所在地，評估是否投資幾家極具潛力的新創公司——跟著郭台銘搭乘私人飛機，乍聽起來風光無限，其實航程沒有想像中這麼舒適。

專機只有十三個座位，在專機排定起飛時間前，祕書會先草擬一張乘客名單，獲得郭台銘「欽點」的主管就會上專機隨行，其他主管則是搭民航機（一般的幕僚應該是比較希望搭民航機，畢竟比起跟主管飛行，這樣應該比較輕鬆自在）。

飛機上的必備小物便是「小型摺疊椅」，郭台銘出了名的不浪費關鍵人才時間，連飛行時間也不放過，因此常常等飛機起飛穩定後就召開會議，主管和幕僚們都要圍在他身邊討論，與其席地而坐，拉張小凳子許是更舒適一些；另外，長途飛行最好再自備睡袋，如果沒有椅子不好睡，還可以直接躺在走道上休息。

（走道上有鋪地毯，以我睡過椅子和走道的親身體驗，走道勝利！）

## 把餅做大，才是王道

時間來到二〇一九年四月，郭台銘決定投入總統大選後，他也動用「國際級的人脈」，再次與孫正義合體，在二〇一九年六月二十二日請孫正義來台參加「G2 and Beyond：全球產業秩序的解構與創新」

論壇，這是孫正義第一次造訪台灣——除了分享自己的投資心法，也表達「樂意協助台灣管理基金，提供新創團隊成功機會」。

論壇中，郭台銘還找了前特斯拉執行長、代工巨頭偉創力（Flextronics）董事長、後來創辦科技建築公司 Katerra 的麥可・馬克斯（Michael E. Marks）來台分享創業經驗。郭台銘希望，透過國際級的投資界人脈，可以把更多獨角獸[1]帶來台灣！

他也觀察，政府的四大基金資產超過三兆五千億新台幣，但每年投資報酬率僅有二%至三%，這是一件很可惜的事。台灣因為市場與人口限制，難以打造出獨角獸公司，但若是由優秀基金投資專家出

1 針對「獨角獸」更多的討論，請見第四章。

手，在台灣培養數十家市值超過一億美元的迷你獨角獸企業，並非不可能。

要把台灣政府基金的餅做大，不能只靠節流，更要開源，拉高投資報酬率。舉例來說，由知名的基金投資專家操盤掌舵的投資報酬率，可能超過四〇％，遠高於平均的十三％。

「如果只想打安全牌，永遠無法有亮麗的回報。」孫正義強調，而台灣的「人才」優勢，值得肯定，如果從人工智慧出發，台灣具備半導體、硬體製造等優勢，投資前景是很值得期待的。

知名基金能成功幫全球客戶創造不錯投資績效，關鍵在於基金負責人對每一筆投資都很看重；如果失敗，對於整個投資集團會有巨大損失。反觀台灣，不論是勞工保險基金、國民年金、軍職人員退撫基金、公務人員退撫基金、教職人員退撫基金，遲早將面臨財務壓力，郭台銘和一般政治人物不同，他思考的是「如何把餅做大」。

## 支持，或不支持郭台銘，那是川普的難題啊

早在川普擔任美國總統之前，郭台銘與他就認識了。後來，郭台銘也常常分享他對川普家庭的觀察：譬如川普的長女伊凡卡·川普（Ivanka Trump），也是現任的白宮總統顧問，十分具有生意頭腦，曾在有限的資源中，重振川普集團；而伊凡卡的另一半傑瑞德·庫許納（Jared Kushner），雖然是一九八一年出生的少壯派，卻被看好是川普的接

班人。

也是因為看到川普時常在推特上發表個人意見的關係，二〇一九年一月，郭台銘分別找了永齡慈善教育基金會執行長劉宥彤和我，表達「想開設自己臉書」的想法，我也有幸和執行長一起，擔任他的臉書小編數個月——曾幾何時，郭台銘接受媒體採訪，常常因為篇幅受限而溝通不良，或是明明被抹黑卻啞巴吃黃連、有苦不能說，未能精準傳達他的想法；而在社群媒體時代，郭台銘的自媒體可以充分表達他的真實理念。

選總統不是容易的事，擔任總統更是如此吧？

鴻海董事長郭台銘在二〇一九年五月六日的返

台記者會上，秀出美國總統川普親自簽名的禮物，分別是威州剪報、封蠟章，證明雙方私交甚篤，並說：「我跟他的私交，不是為了選舉，而是希望不管在選前或選後都能建立一座友誼的橋梁，有直接溝通的管道。所以我特別跟川普說，我是來當和平使者（Peace maker）的，這個『和平』是屬於美中台三方，不是只有台灣跟中國大陸，還包括美國。」

雖然多家外電指出，川普、郭台銘見面聚焦鴻海在美投資，確保鴻海在美國承諾的工作機會可以兌現，但郭台銘進白宮和川普見面時，威斯康辛州著墨的並不多；其實，川普語重心長地告訴郭台銘：總統是一份艱困的工作；而日理萬機的美國總統，還自己剪報，寫上「Terry, Thank you. YOU ARE GREAT.」，同時附上親筆簽名，用資料夾裝起來，請鴻海在美方的工作人員帶給郭台銘。

現場，川普拿了桌上金黃色圓形的封蠟章，費了一番功夫，花了三分鐘才簽名簽上去。

以我的觀察，川普的這些心意不言而喻，郭台銘與川普的連結也可見一斑──川普有時候也是身不由己嗎？因為他不只有黨派，更代表美國政府，而美國本來就不會也不應該介入台灣的大選，川普又如何能正大光明支持一個他國的政治人物呢？與其爭論川普是否真有跟郭台銘說些什麼、或者支持鼓舞的話，不如說，兩人都有點身不由己吧……。

郭台銘十分欣賞有創業念頭、
更有實際行動的年輕人。
於他而言，那就是「小老闆精神」。
鴻海培育的人才有兩類，
一類是員工，第二類則是領導者。
員工一旦遇到問題，有可能就直接丟給領導者；
反之，若是領導者，得自己負起責任，不屈不撓。
面對困難的事不能直接向外求援，而該先反求諸己。

# 第四章

# 擁抱小老闆精神——厚植人才

# 小老闆，請進

倘若郭台銘是鴻海的「大老闆」，
是燃燒自己、閃閃發熱的恆星；
那麼便有一群繞著恆星打轉的行星，
也就是「小老闆」們。
他們可以在鴻海這個星系裡，
爭取資源、發展事業，
並得到相對應的「分權分利」。
這也是為什麼鴻海集團內，
有不少千萬、億萬富翁的原因。

有一天，郭台銘帶了一群主管，穿著短褲、球鞋去深圳郊區爬山，途中有一湖泊，大夥兒要繞湖一圈，到對面的登山口。走著走著，有主管向郭台銘反應，他在經營企業時遇到了一些困境，此時只見郭台銘停下腳步，開口對該主管說：「我們繼續繞湖，但你自己想辦法走直線，穿越這湖泊吧！」

剎那間，大家都傻住了。

「老闆……你是認真的嗎？」這主管可沒穿泳褲，一時之間，又怎麼架設便橋？

指令背後，郭台銘要表達的是：「如果按照原本的慣性、線性思維去思考，就只是永遠繞過這個問題，但，若是今天失去了原本要走的這一條路，該怎麼繼續下去？今天客戶要你降價，你就降價？還是你可以從營運中為客戶節省成本？或是說服客戶，自己會堅持品質，也請客戶不要降價？」走前人走過的路，大家都會走，但創業家必須開創自己的新路。

這樣存在於腦海中的反覆思辨，為自己的事業尋求活路，正是小老闆精神──不屈不撓，遇到困難的事情，不要馬上向外求援，而是先反求諸己，這正是小老闆負責任的表現。

不少資深主管，在鴻海集團茁壯的過程中，自己也變成老闆，創建屬於自己的事業，當然在享受權利的同時，也必須要有所犧牲；至於員工，則是老闆該照顧的對象，畢竟，員工是支撐企業的重要骨幹。

如果你是員工，遇到問題，你可能會向上反應、丟給老闆；反之，若你是老闆，碰上加徵關稅，或是要被廠商砍價，只能硬著頭皮、自己想辦法——郭台銘的角色，是當「小老闆們」反覆思考、想破腦袋都還找不到出路的時候，才會出手相助。

## 把一件小事情做好

除了喜歡鍛鍊下屬「小老闆精神」，郭台銘也很喜歡造訪新創公司，與這些年輕人打成一片——當他一面感受這些人想要做一番大事業的企圖心，也會一面回想起以前創立鴻海的時候，就是住在一間鐵皮屋工廠，當時立足於起點，他未曾意識到自己能做到如今這番局面，正是從「把一件小事情做好」開始。

當一般的投資基金要決定是否投資一家公司時，是運用偏向「財務投資」的方式，審視該公司的財務狀況，再決定是否出手。

反觀郭台銘，當他走訪新創團隊，除了看工作環境、氣氛，也會細細觀察團隊成員的眼睛是否在發光（也就是熱情和好奇心）；畢竟，郭台銘嫻熟於科技業，不僅對技術一點就透，管理超過百萬大軍的他，感受「熱情」二字，應該是再心領神會不過了。

## 人才是最重要的

「投資是看人，人，是左右企業最重要的因子！」郭台銘強調，投資前，他會觀察團隊成員是否具有「小老闆」的精神，同時，是否有足夠強大的技術去支撐，再來則是有企業文化和技術的未來性。

值得一提的是，有一個觀念深深影響到郭台銘──如果把獨角獸分成幾個不同的階段，在不同階段布局投資，會有不同的ＣＰ值，新創公司所需要的幫助也有不同的層次，對於一般投資人而言，可能是看到已經有成功跡象，才會出手投資；而無論是知名投資基金，或是郭台銘，都希望更早一步挖掘出這些大有可為的小老闆們。

一般新創基金的投資可能發生在後期，也就是在判斷出愈來愈明顯的金流健康程度、市場規模、用戶成長爆發性等所謂「準獨角獸」特徵後，這時候投資的缺點是相對昂貴，畢竟這些新創極具潛力的事實，已經反應到估值上了，但獲利的機率相對也高，所以具有資本雄厚優勢的基金即可在後期進行投資，確保帶來一定程度的獲利率。

郭台銘相當認同這樣的策略，但是也看上了新創團隊初期投資的高風險高獲利這個不變的道理，他一直相信著「投資企業就是投資人，人對了什麼都對」。所以，他認為初期就要找到所謂的「好苗子」（深具潛力者），挹注經驗（跨領域專業）、環境（實驗場域）、機會（資源和平台），而培養這樣的新創小老闆正是郭台銘最青睞的投資模式。

他尤其喜愛和這些具有小老闆精神的創業家互動，除了彷彿看到四十多年前那個創業維艱卻胸懷大志的他外，他也堅信這些創業家的苦幹實幹會是支持和發展經濟重要的中流砥柱。

郭台銘進一步期盼的是，希望能在台灣打造數十家規模一億美元的「迷你獨角獸」，與規模超過十億美元的「獨角獸」，讓這些珍稀的「小獸」們相互學習，並搭建投資平台，讓迷你獨角獸順利成長。

整體而言，郭台銘理想中的「小老闆」要兼備六大特性與能力：一、專業知識與宏觀常識；二、處理國際事務能力；三、要求自我學習與實踐自我負責的心態；四、懂得與別人合作與溝通；五、擁有開放的心胸與健康的人生觀；具有面對困難、接受挫折、挑戰失敗的勇氣——畢竟，人才是歷練出來的，而非天生的；人才是機會創造出來的，而非刻意培育的。

## 尋找獨角獸（Unicorn）

「獨角獸」是創業圈的術語，用語出自矽谷創投Cowboy Ventures美籍華裔創辦人Aileen Lee的文章〈歡迎光臨獨角獸俱樂部：從十億新創公司當中學習〉（Welcome To The Unicorn Club: Learning from Billion-Dollar Startups），書中提出，一家新創公司要能達到「獨角獸」的境界，估值應該要達到十億美元以上；文章中亦提到，二〇〇〇年後創立的軟體資訊公司，只有〇．〇七％能夠長成「獨角獸」，換言之，要找到突出的新創公司標的，就跟尋覓獨角獸一樣困難。

# 內部創業：肉身衝撞無人車的初衷

不知道有誰會自己衝去給車撞？
傻子嗎？
不，是郭台銘。
當他在發展無人車技術時，
自己「身先士卒」，
在廠區內，
竟以自身肉體測試無人車的反應靈敏度，
也正是這股傻勁，
持續推動著鴻海不斷前進。

「ＡＩ人工智慧就像武俠小說中的『打通任督二脈』，從關鍵的零組件，到真正的應用上，ＡＩ即時地串聯起來，而人工智慧在鴻海的應用，包括機器學習、良率的提升等方面，都有很大的貢獻！在鴻海，ＡＩ非常重要，而且是進行式！」鴻海技術長陳杰良曾經說過這段話。

在無人車ＡＩ的應用，不只需要考慮感測器（sensor）單一面向，還要考慮很多資訊傳遞流程與周邊軟硬體整合度。譬如程式到系統、系統到車子的工業電腦之間，甚至是上傳速度、下載速度、網路的延遲（latency）等面向，都是環環相扣的。寫程式的人如果不考慮到這些情形，無人車便會出問題。

## 研發無人駕駛物流車，心理學也要必須應用

而無人車的應用，在鴻海內測試的狀況如何？目前鴻海已經有四個次集團在使用，包括中國大陸龍華、觀瀾廠，累積起來上看數百公里，每天都在跑。白天、晚上、晴天、雨天也都一起跑，就連上下班時間，有些好奇的員工還會跟無人車搶道，目前無人車也都能克服這些挑戰了。

無人車最難的技術，是要揣摩到所有基礎建設，除了車子，還有行人、腳踏車、電動車、公車，甚至是馬路上的霸主「大卡車」。目前鴻海廠區內，並沒有為無人車規劃專屬車道，而是仰賴三個技術：第一，是偵測環境對照地圖（mapping），譬如違規停車時，無人車可自動閃開；第二，是透過高精度地圖（HD-mapping）做好即時追蹤；第三是即時轉換，雖然是無人車，像是郭台銘喜歡從側面衝出來

「考驗」無人駕駛物流車，這時候就不能只靠雷達偵測，視角也要夠廣才行。

郭台銘親自帶領主管們，催生無人駕駛物流車技術開發及應用延展的重大項目，力求孵化出能在偌大廠區奔馳的無人車，將廠區之間的物流供應鏈，串連成一個作業平台，將物流問題一次性解決。對於他們而言，最開心的不是「透過無人車賺錢」，而是「把問題解決」。在中國大陸做電動車、無人車，以物流而言，確實幫鴻海省到一些錢，但距離真正能成為新事業賺錢，仍有一段路要走。

郭台銘特別要強調的是，像ＡＩ無人車這種創新技術研發，應該要規劃容錯的場域，讓新技術在裡面勇於嘗試、不怕犯錯。如果無人車在規劃區域內試運行時，那人們就需要給予這些新技術足夠的容錯空間，在這個空間裡，人們和無人車必須在設定的實驗和測試計畫下，和平共處──郭台銘曾說，如果在裡頭被車撞到，那是要被罰款的，因為在無人車試行區域，人應該去躲車，就像在路上看到野狗，如果怕被咬，也會繞道。

## 內部創業，從人開始

為了加速推動無人車的研究，強化工廠內的物流配送，郭台銘在中國大陸找來三家研發技術的新創公司，由他們競逐關鍵技術，在鴻海深圳廠區內同場較量。

於是，百無聊賴又冰冷的廠區，頓時生機勃勃，每天都有無人駕駛車開來開去，甚至，郭台銘還會親自下海做實驗，衝到馬路上給車撞，看看無人車會不會停下來？抑或是迎頭撞上？幸好無人車技術還是挺尖端的，沒有讓他受傷。甚至，他還跑到廠區制高點，請人架設8K攝影機，全程又細微地觀察無人車的行進軌跡。

必須要強調的是，郭台銘之所以衝出去給車撞，正是給無人車設定的測試，但不代表其他人就可以在這個空間中隨意活動，因為測試關卡會依照研發人員設定「由易到難」，進而逐步將AI能力提升到實用階段。

測試無人車時，事故一定會發生，如有人違規停車，無人車有最小旋轉半徑，若是考慮得不夠仔細，就會擦撞。無人車不僅結合程式、地圖、感應器知識，還包括數學、物理學、電子機械、光學，甚至是心理學領域，都是應用的範圍。以心理學來說，在中國大陸，開大卡車會「大車壓小車」，或是行人出於好奇心，可能擋到無人車前，這些人性都要考慮，畢竟行人安全第一。

郭台銘堅信，無人車是未來的趨勢。

在郭台銘的「智慧科技島」規劃裡，「無人車」自然是重要的環節。他認為，美國紐約之所以能夠成為世界金融中心，科技發展是關鍵；此刻，紐約正積極布局無人車，台灣當然不能落後，也許可計畫在鄉鎮地區蓋一條無人車駕駛的高速公路，由AI改變基礎交通，進而改變社會的面貌，將車禍、酒駕肇事的情況降到最低，甚至消失。

# 打開便當盒，品嘗關鍵人才的時間

「關鍵人才的時間」
於郭台銘而言十分重要，
高階主管常常一整天與他關在會議室，
只為好好「擬定策略」。
就連中餐，也會有專人送便當來——
這些人左右了公司的未來，
時間也自然是公司的重要資源。
所謂的「將將之才」，
必須要思考他們的學經歷，用對位置；
思考其人格特質，用對性格；
更要讓人才擁有開創未來的機會，用對產業。

身為地表最大的工廠，郭台銘為鴻海公司經營的成敗與否，列出了核心問題——那就是公司的競爭力來自於擁有多少項資源——他將資源分為八類：

一、領軍創業型的人才（具備慎謀能斷的經營能力）
二、關鍵人才（具有核心技術的能力）
三、關鍵人才的時間（擬定策略及決定）[1]
四、數據（數據科技 Data Technology 加上人工智慧ＡＩ）
五、技術專利
六、人才的教育訓練
七、企業文化
八、資金的有效運用

1　經營策略會影響關鍵人才時間的配置。

發現了嗎？八大資源當中，與「人」有關的資源竟占了四項，其中，頭號資源便是「領軍創業的人才」，也就是高階主管，郭台銘認為，身為高階主管，要有正確的判斷力。

他經常在會議中，「表演」給所有與會主管看：他會放一個杯子在桌邊，看起來好像搖搖欲墜。而身為主管，每天在做的事情，就是確認四周是否有「在桌緣快要掉下去的杯子」──主管的角色，就是把杯子移回桌子中央，避開可能承擔的風險。因此，他心目中好的高階主管，要能夠預見未來，以及研判可能的風險，並且運用策略和執行力，把握機會、減少變數。

## 每一秒都不能浪費

至於關鍵人才的時間，郭台銘自然也十分看重。在他身邊的一群高階主管們，常常與郭台銘一整天關在會議室裡，形成決策，取得資源、分配資源，進而運用資源。

除了在會議室，就連人才的「運動時間」，郭台銘也會控管。最經典的集體運動莫過於「爬山」——由於鴻海深圳廠區附近，有適合健行的小山，早上上班前，郭台銘喜歡找人一起爬山。他尤其愛「雨天登山」，一般登山客都不喜雨天，因天雨路滑，山路難行；郭台銘則反其道而行，他爬山時碰上下雨，還會面露喜色，風雨無阻。

為什麼？因為晴天仍如同成功，是一名差勁的導師，給你我的是無知與膽識，它不能給我們挑戰時，所必須具備的經驗與智慧。

「下雨登山，剛好讓你們練習在沒有撐傘的情境下，勇敢前行，畢竟，平常都是由郭老頭子[2]幫你們打傘……」下雨，正如營運時不確定的變數，難以預測。

就連我一介「弱女子」，爬山時，郭台銘也沒在客氣的。雨天下山後，我通常披頭散髮，郭台銘的軍令是「在三十分鐘以內梳洗、換裝」，再趕去上班，這時間對我來說實在不夠。

當我向郭台銘提出申請，希望增加十分鐘吹頭髮，他只淡淡地說：「下次若爬山再遇到下雨，應該考慮帶一個塑膠袋，罩著頭，這樣就不會濕了……關鍵人才的時間是非常重要的！」

## 愛才惜才不手軟

主管開會的午休時刻，會有專人送飯，透過這些由專人準備的「客製化」餐盒，郭台銘可以守護人才的身體狀況。若有主管胃食道逆流，在那天會得到量身打造的便當！（不過這些經過檢驗的有機食材吃多了，像我這樣年輕一輩的幕僚，還是偶爾希望能吃吃漢堡、薯條這樣的垃圾食物……）

而郭台銘也似乎挺愛用食物當獎勵，他用來激勵人心的「胡蘿蔔」很特別，除了物質、職位，有時還會走復古風。由於他重視養生，旗下成立的有機食品公司「無二點心」，就推出了深獲他喜愛的健康

2 此為郭台銘的戲言自稱。

零嘴，有時候心血來潮，便會請專人端出花生糖、芝麻糖，請下屬吃。

附帶一提，郭台銘為公司挖掘人才，也放眼基層員工。曾有一回，郭台銘在廠區裡，眼見一人背了很重的東西（類似負荷重量的自我訓練），跟他一樣正在繞操場快走，他便跑去找他攀談，這才發現原來這位仁兄是警衛──郭台銘回到辦公室後，立刻要求幫這位警衛加薪、升職。在他看來，這位警衛嚴格要求自身的體能、思考自我提升，令他十分感動，更是「毋須提醒的自覺」。

郭台銘期許，鴻海的初階人員要有責任心；中階人員要有上進心；高階人員則要有企圖心。

## 股價「落雨」時該做什麼事？

鴻海旗下的工業富聯（FII）二〇一八年三月八日通過中國大陸證監會審核，當時以三十六天的審查速度，被市場形容為「光速過會」；六月在上海證交所掛牌上市，當該公司遇上股價疲軟，管理團隊心情不免焦慮，鎮日思考著如何救回股價，但郭台銘卻說：「今天是雨天，雨天就該做雨天的事！」應用在股價上，股價低，管理階層可以做什麼事？

與其老闆一邊擔心，一邊對員工拍桌，何不做「股權激勵」？

二〇一九年五月一日，FII宣布，為了持續強化公司在工業方面的領先技術與優勢，針對核心員工、關鍵人才，發行員工股票期權與限制股，也就是折價讓員工認購。

員工認股，不只是單純的投資，更是讓員工也能擁有公司，激勵士氣，無形中，也能養成小老闆精神，讓員工付出更多心力。股價自然會有「下檔保護」，有機會再上衝。當下我聽完郭台銘的一番話，只覺得他不僅是未雨綢繆的人，更是在雨天為團隊打傘、加油的領導者。

# 請為未來選出接班人

鴻海的主管有三大要務：
人才歷練年輕化、
技術扎根創新化、
資源整合全球化。
頭一項任務「人才歷練年輕化」，
正意味著栽培接班人的重要性。
一旦上位，沉浸於喜悅中，
下一步就要思考的是，
誰可取代自己？
如此，企業組織方得生生不息。

「訂策略、建組織、佈人力、置系統」這是郭台銘對鴻海主管的期許。

然而，審視鴻海領導人才團隊時，不難發現組成年紀偏大、性別偏男性的現象。也許是製造業使然，性別「陽剛」不難理解，但領導團隊老化的問題，就讓郭台銘十分頭痛了。

隨著「接班」的問題愈來愈急切，每當郭台銘爬山時，見到山上的小樹、小花，總忍不住感慨：如果你現在希望看到怎樣的風景，半年前就要開始施肥、灌溉。

要怎麼收穫，先怎麼栽。

## 年輕接班人啟動

鴻海常常在媒體曝光，被形塑為郭台銘的「帝國」，然而，郭台銘始終期盼，當外界看到鴻海，不是只有看到他一人的光環，更有團隊、更有其他領導者。郭台銘的企業友人、亞馬遜（Amazon）創辦人貝佐斯（Jeffrey P. Bezos）每一次決策，只需要交付給直轄的八位主管，這讓郭台銘看了十分欣羨，因為鴻海內，直接向他報告的主管就多達百人。

凡事有一體兩面，當郭台銘的管理深入鴻海各個角落，優點是，他能直接掌握細節、下達決策；缺點則是，所有主管皆習慣直接向郭台銘報告，讓他第一手掌握消息，卻缺乏了橫向的聯繫和溝通。

為瞭解決人才荒，同時讓接班人遍地開花，近年來，鴻海啟動「年輕接班人」計畫。郭台銘要求各事業體的小老闆們，必須貼身帶一到兩位「接班人」一起開會。曾經有一回會議，某主管帶了四十多歲的「接班人」來，立刻被郭台銘斥責「年紀太大」。

那時候，七年級生在鴻海仍多半扮演「助理」的角色，負責播放投影片、會議記錄等工作。集團裡，也設置「董事長辦公室」（內部俗稱「懂辦事」），直接隸屬於郭台銘。當你要在集團裡面某些職等升遷之前，必須去那兒歷練半年以上，看到整個集團運作的宏觀樣貌，再歸建回原單位。

而這些來「懂辦事」蹲點的年輕人，往往是又期待又怕受傷害，郭台銘對年輕人的要求十分嚴厲，因為他希望，每個人都能夠在這一段時間內，獲得很大的成長。倘若不符合的他的期待，譬如簡報製作內容太粗淺、語言能力有落差，便可能被「退貨」，升遷之路也會暫時受阻。舉個小例子，當你貼身跟在老闆身旁，除了能力，更要善於察言觀色，如果今天老闆前面已經有一杯水，當他比出手勢，他需要麥克風的機率就遠遠大於礦泉水的機率。

## 窮盡洪荒之力找人才

告別鴻海之前，郭台銘坦言，有「時間」跟「健康」這兩大敵人，就算他對工作再有熱情，也必須好好培養接班人。在確定年輕人是可造之材後，郭台銘會交付任務，看他是不是足夠努力、認真地執行去完成？會不會怕困難？任務完成的時效性和品質如何？

有一回，郭台銘找某家新創互聯車企業來提案報告。聽完報告後，郭台銘發現，這家公司的團隊水準頗強，他也立刻邀請他們的人資長來報告，請人資長分享如何攬才。

這位曾在蘋果電腦任職的人資長，也為鴻海帶來了精采的演講。然而，在隔週一上班，郭台銘找來鴻海聽過這演講的人資，詢問他們剛剛過去的這個週末，做了些什麼？其中一位人資主管頓時不知道該怎麼回應，只好說出自己「溫習了演講中聽到的理論」。

「你如果足夠認真，應該窮盡辦法，去找他們的員工，打探他們的組成年齡層，甚至跟他們聊一聊，知道是怎樣的工作環境和條件，才可以吸引這群優秀的人加入——只做了名詞解釋、做 paper work，有什麼意義呢？」郭台銘不太高興。

郭台銘經常問人資單位：找到了多少有用的人才？培育了多少有用的人才？建設了多少有用的系統？舉辦了多少有益的活動？留住了

多少有用的人才？

讀到這兒，你也許會疑惑：為什麼郭台銘不直接重金禮聘對方的人資、藉他來改革人才招募呢？那是因為，郭台銘在和其他公司交流、請對方員工來鴻海上課時，和其他企業主之間早有默契，不能互挖牆腳。

當郭台銘從鴻海的第一線領導退下，他拔擢人才的苦心，包括歷練化、年輕化、創業化，才正要開展。

## 接班人真心話：和他在一起愈久愈服氣

／鴻海董事長 劉揚偉

年輕時，我在美國創立三間公司：一九九〇年代初，我將第一間公司 Young Micro 賣給郭台銘，當時，我研發主機板，郭台銘則是做連接器。跟他談合作的過程中，我發現郭台銘最厲害的策略是：他不是賣產品給你，而是想方設法幫你解決問題。

郭台銘一聽到我在做主機板，認為我一定瞭解靜態隨機存取記憶體（Static Random Access Memory，以下簡稱 SRAM）技術（當時這技術方與未艾）。他便領我去見聯華電子總經理宣明智，宣明智說：「老郭，你找他來就對了，搞定！」

也因為如此，隨後，我在美國聖荷西成立了北橋和南橋ＩＣ設計公司ITE（即現在位於台灣的ITE Tech）。二〇〇三年，我回到台灣，成為音頻ＩＣ設計公司PTC的總經理，郭台銘知道之後，就希望說服我加入鴻海，協助經營Young Micro。但我沒去，而是因緣際會改去了ＩＣ設計公司普誠。直到二〇〇七年，郭台成先生（郭台銘三弟）身體出了狀況，加上大陸山東煙台廠區的經營也有些問題，郭台銘再度呼喚我。由於當時我已經在普誠待了四年，覺得夠了，遂決定「還一個人情」。

那人情是什麼？因為當初郭台銘買了我的公司Young Micro。公司裡面，仍有不少我的家人、摯友，在郭台銘帶領下，事業蒸蒸日上，等於無形之中，郭台銘照顧了我的親友，我非常感恩。

我年輕的時候，不覺得他比我了不起——他創業，我也創業，我掌握的技術深度，還比他多很多。因此當時，我對他並不那麼服氣。可是，跟他在一起愈久，愈服氣，不是知識上的「我服了」，而是他的能力、情操、精神，我很難超越。郭台銘是我見過所有董事長當中最勤奮的一位，他擁有了地位、擁有了事業、擁有了金錢，但是他依舊努力。與我二、三十年前看到的他，一模一樣。

孟子曾說，「大丈夫」是富貴不能淫，貧賤不能移，威武不能屈。其實，郭台銘所面對的壓力，比我想像的大很多，譬如來自政府，他從未因為「你生意給我這麼多，我就必須要鞠躬哈腰、卑躬屈膝」。他不會乞求，無論是面對任何一個國家的政府官員，他那威武不能屈的態度，也是領導幹部們能夠一待

二、三十年的最主要原因——他非常無私，那句常常掛嘴邊、期勉我的「獨裁為公」，正是鴻海屹立超過四十年的關鍵原因。郭台銘始終循循善誘，把他的觀念、經驗，傳遞給相關的同仁們，使之深植在我們的心中，進而成為鴻海的DNA。

而這樣的DNA不會因為郭台銘離開而消失，不會因為郭台銘不做董事長而消失。我認為，接下來的董事長，首要任務是把這樣的DNA維護下來，同時，把這個家兢兢業業好好打理。

只要如此，我想鴻海就會變得更好。

# 從人才到人工智慧

郭台銘提出的「智慧科技島」，
是關乎台灣未來二十年發展的關鍵。
很多人會覺得自己離ＡＩ人工智慧很遙遠，
甚至會抱怨ＡＩ將搶走他的工作。
當ＡＩ來勢洶洶，難以逆轉，
就像是有了汽車，
牛車、人力車自然被拋諸腦後。
我們需要的是擁抱科技的勇氣，
同時為改變台灣的未來集氣。

郭台銘在演講時，台下坐著一位保險業務員舉手問他：「保險是為人服務，有溫度的工作，這種工作會被ＡＩ取代嗎？」

郭台銘反問：「現在推銷保單的成功率有多高？」

這位業務員充滿自信地回答：「每三個人當中，就會有一位願意向我投保，因為我傾聽客戶的聲音，服務做得很好，是個成功的專業人員。」

郭台銘笑著對他說：「有了ＡＩ的幫助，不僅不會被取代，還馬上能晉升為超級業務員，一百個人會有九十九個人都會有意願投保！」

我看著這位保險業務員眼睛閃閃發亮，一臉不可置信，但在鴻海內，負責鑽研大數據的我，卻覺得這樣的未來離我們很近很近——ＡＩ能在第一時間，提供對任何見面對象的精密分析，讓每個提案更加精準，每一句話都能擊中人心。再加上，所有重複性的庶務工作都由ＡＩ代勞，業務自然會有更多的時間用來與客戶互動，聊天，關心彼此，生意一定會更好。

ＡＩ讓你我把時間與精力花在更有價值的地方，專注於更多人性、創意及精細的層面上。

## 自動化，新時代的機會

新時代會需要很多新產品、新服務，這都是台灣的機會。美國《富比士》剛公布的二〇一九年「百大數位企業」（Top 100 Digital Companies）排名中，全球市值最大的蘋果（Apple）奪冠，美國企業毫無懸念地入榜數最高，多達三十八家。

細數排行榜前十名，分別是：蘋果、微軟、三星、Alphabet

（Google母公司）、AT&T、亞馬遜、Verizon、中國移動、迪士尼及臉書，美國企業就包辦了七強。可嘆的是，同一份百大排名中，台灣企業去年原有六家，今年卻只剩台積電（第二十名）和鴻海（第二十五名）雙雄，顯見台灣變身智慧科技島的發展刻不容緩。

無疑地，在全球製造業中，鴻海絕對稱得上世界第一流。二〇一九年一月，由麥肯錫與世界經濟論壇（WEF）共同出版的報告中，評選出來目前世界上技術頂尖的「燈塔工廠[1]」（lighthouse factories），在全球已有二十六座燈塔工廠中，鴻海是唯一的台商。

---

1 「燈塔工廠」是由世界經濟論壇定義，運用工業4.0技術，整合現有的技術、銷售與產品體驗，透過AI建立具有適應性、資源效率和人因工程學的智慧型工廠。燈塔意指具前瞻性、示範價值，可供全球工廠學習。

站在工業互聯網、AI人工智慧＋5G時代來臨的數位浪尖上，走入鴻海位於深圳的「燈塔工廠」，白色廠房裡，手機、筆電等通訊產品一律禁止攜入。廠區裡漆黑一片，就連郭台銘來視察，還得拿著手電筒——這一條生產OTT（over-the-top）電視盒的產線，組裝過程幾乎都不靠人力（嚴格來說，還是需要三十二人輪班監督，當機器發出求救訊號時，做好故障排除）。觸目所及，只有機台上發出的點點綠光，綠色，表示產線順暢正常運作中——這是人工智慧展現的工業宇宙初始吧！

自動化省下的不僅是人力成本，當人口紅利消失了，我們更要拚技術紅利——郭台銘強調，台灣應該拋棄平庸式的經濟成長，追求「數位的創新紅利」。老舊及不適宜的法規應該大幅度修正，才能跟上世界科技及數位發展的浪潮。其實，百大名單中，多數是郭台銘的好客戶、好朋友；數位化、全球化一體兩面，互為因果，台灣唯有提升經濟影響力、數位影響力，才能讓台灣被世界看見，與全球的巨人們平起平坐。

## 未來，從「向下扎根」開始

二〇一八年五月，那是我剛剛加入鴻海的某一天，我在網路上看到一本中國大陸版的高中人工智慧課本，又讀了相關的報導。資料愈看愈多，我很驚訝於「原來在中國大陸，高中生就可以選修人工智慧課程」，甚至那時候，上海已經約有四百所學校，將人工智慧課程列為必修科目。

我馬上上網訂了一本課本，趁著在出差的飛機上，一邊啃書、一邊飛行。而在飛機上，鄰座的是郭台銘，見我讀書，自己也興味盎然。

他先是瞄了一下，問我在讀什麼？「這是一本中國大陸高中生上的ＡＩ課本喔。」我答道，他聽後隨即抓走那本課本，自己讀了起來。

郭台銘認為，比起文字、聲音、圖形，影像是人工智慧分析的數據類型中，最有未來的。翻了幾頁，郭台銘把書本闔上，「虹安，去買兩萬本吧！」

頓了頓，他又感慨：「這課本居然是給中國大陸高中生看的，裡面觸及一些聲音、文字、圖形、影像的ＡＩ，富士康工業互聯網學院的講師應該也要傳授，甚至，我們應該找人去談繁體字的版權（該書為簡體版），把這樣的課程引進台灣。」

兩萬本只是起步，接下來，鴻海集團各個子公司紛紛採購這本書，台灣媒體也開始報導這件事。我自己大學時，念師範大學資訊教育系，社群中有不少同學都是高中電腦老師，他們也問我：「郭董這本書是去哪裡買的？」一傳十、十傳百，這本簡體書賣到缺貨。

然而，這本書的繁體字版權洽談並不順利，消息傳進郭台銘先生的耳裡，自然不可能坐以待斃。他說：「既然談不成，我們就自己來出一本台灣版的，就不信以台灣的專家學者，出不了一本ＡＩ人工智慧的高中教材……」

只是霸氣外漏之後，他轉頭對我說，虹安，妳既然念台大資工碩士，就負責邀請專家學者一起來編一本書，給台灣的高中學生吧，既然中國大陸已經在ＡＩ教育強化競爭力，台灣的動作更是要快！「台灣的孩子們不可以輸在起跑點上。」他堅定且語重心長地說。

就這樣，我接下了一道「聖旨」。

## 沒有不可能，只有向前衝

除了要找到ＡＩ各領域「對的教授」，也要負責去跟教育部官員洽談、瞭解課程大綱；此外，包括學校裡資訊科教師的培訓、編輯、印刷——這都並非一蹴可幾。

聽到「聖旨」，我也真翻了一個華麗的白眼。但光是翻白眼當然不能成事，我回到台大，向碩士班的指導教授陳信希博士求救。說來也湊巧，他除了認同ＡＩ教育必須向下扎根，也正在籌備「給高中老師」的ＡＩ教學夏令營。

我的指導教授感慨，以台大資工系來說，不少學生來自於北一女、建中等名校，他們在高中時期，就已經透過自學，瞭解如何寫程式。換言之，在ＡＩ這個領域，還是有貧富、城鄉的差距；反之，倘若有好的學習的機會或環境，讓每一位高中生都能初探ＡＩ，這是很有意義的教育工程。

於是，從台大、交大、中央等學校的老師，我和團隊一位位拜訪，也非常感激ＡＩ各領域的權威一一響應。從自然語言處理到語音辨識等，從二〇一八年六月郭台銘動念、交辦我這項任務，到二〇一九年三月全書真正完稿，這集結眾人之力、寫給高中生的台灣版ＡＩ補充教材《人工智慧導論》以光速衝刺完成。

最初的動念，化為最後的序言，郭台銘親自一筆筆寫下，也在封面題鋼筆字「年輕世代擁抱未來，贏在起跑點」，並在台灣捐出數萬本教科書，還舉辦營隊，讓高中老師和學生們瞭解如何運用這本書，將其運用於特色選修課。

對郭台銘來說，他的字典裡面沒有「不可能」三個字，一旦形成一項任務，他就是想盡辦法完成。在這裡，我要非常感謝劉宥彤執行長、吳信輝博士、劉亦謙和周映彤等人的幫忙，在這本教科書草創和後來撰寫的過程中，他們是我最得力的夥伴；其次，要感謝我在台大資工碩士班的指導教授陳信希博士，他義無反顧地從一開始提供想法，到後來寫書、校稿，給了我非常多寶貴且專業的建議，當然還有願意貢獻各章節內容的專家學者作者群。我們一起讓ＡＩ人工智慧更靠近台灣年輕人一些，相信未來這些種子發芽、茁壯，也能開出令人驚奇的希望與花。

## 人工智慧與人腦

由「鴻海教育基金會」出版的《人工智慧導論》，除了有郭台銘親自撰寫的序文，還特別邀請日本軟銀集團創辦人孫正義寫序，孫正義預測，數十年內，當你走在美國紐約的第五大道，多數車輛將是AI人工智慧操控的自駕車。

當人們還在討論人工智慧是否可以超越人類的大腦，回到一九〇〇年，汽車儘管已經問世，穿梭在紐約第五大道上的仍多半是馬車的身影，直到一九〇八年，福特T型車問世，汽車從奢侈品變身為日用品——若你問那時候的人們，馬車或汽車，何者可以為我們創造更多的價值？答案可能不見得一面倒。

那現在，人工智慧是否真的可以超越人類的大腦？我想對孫正義來說，答案只是早晚而已，隨著未來三十年的科技迅速發展，人工智慧的表現勢必將會在多種領域超越人類的大腦。

那我們該怎麼辦？身處人工智慧不可擋的洪流，其實將可享受AI帶來的諸多好處；更值得我們思索的是：又該如何運用人工智慧來幫助自身、周遭人們及社會？

日本漫畫《海賊王》裡，
主角魯夫從東海出發，前往偉大的航道，
集結夥伴組成草帽海賊團，尋找傳說中的祕密寶藏；
而魯夫之所以強大，是因為他吃下了「橡膠果實」，
能讓身體像橡膠一般伸縮自如——
當郭台銘卸下「郭董」這企業家的身分，轉向政治，
有時候，我懷疑他是不是也吃下了「橡膠果實」？

第五章

# 吃下橡膠果實——台灣的下一步

# 從政治素人，到最強外掛

國民黨總統初選首場國政願景發表會上，

郭台銘握緊拳頭，

說自己是「中華民國的最強外掛」，

其實，他的從政經驗是零，

說他是「政治菜鳥」也不為過。

但論國際交手經驗，

曾經，他戴著國旗帽，走進白宮和川普會面；

曾經，他買下「夏普」，讓中華民國與日本國旗並列國際；

曾經，他請來孫正義為台灣的年金破產問題提出藥方。

我想，「郭式外掛」不會因參選與否而停下腳步，

他會持續推動台灣升級，加速前進。

「我放下鴻海，我捨不得，但我不後悔，我生在台灣，長在台灣，企業總部在台灣，沒有中華民國，就沒有鴻海，未來四年全部貢獻給中華民國，我要為兩千三百萬同胞拚一個未來，拚一個國富民強的未來！」二〇一九年六月二十一日的鴻海股東會上，郭台銘正式將董事長的職務交棒給劉揚偉。

郭台銘正式卸下了鴻海董事長職務，轉換跑道，為台灣拚一個未來，拚一個「國富民強」——辭職選總統，我想，郭台銘真的很有種。

## 盯緊細節，一位點子很多的老闆

股東會現場，很多主管都紅了眼眶，鴻海在郭台銘的帶領下，就像是一個大家庭，一大群人和他是幾十年的革命情感，拚搏出台灣經濟奇蹟不可抹滅的一頁，還有世界級跨國企業。

我最記得，郭台銘老是叮嚀大家的一句話，「做任何事以集團最大利益為優先」，而他總是以身作則，全時全心投入在鴻海、在他的工作——他一直都很有想法，每一次演講、每一場會議，他都親自盯每一個細節；我的團隊裡，年輕的同仁曾說，郭台銘和其他老闆非常不一樣，總是開會時站著主持、總是霸氣地給予建議、總是會議中最有想法、提出最多創見的那一個人。

郭台銘在二〇一九年四月動念參選，在此之前，我內心覺得，他是何苦呢？甚至，每當有人跑來問我，「郭董會不會選總統」，我都斬釘截鐵地說，絕對不可能，現在回想起來，幸好當時沒有跟朋友賭雞排。

## 站上選舉起跑點，只想為台灣年輕人做點事

郭台銘這次會動念要參選總統，有一個很重要的出發點，就是想要為年輕人做點事情。

台灣目前面臨到許多挑戰——或者我該修正這樣的用詞，是全世界的年輕世代都面臨共同的困境：低薪、負債、無法學以致用，所受的教育和正在發生的第四次工業革命脫節，許多人只看到他們的憤怒，但郭台銘看到的，是他們在憤怒背後說不出來的絕望。

郭台銘看不下去了，他是一個經濟人，只想透過政治權力，讓這塊土地更好，讓下一代年輕人站起來。

當網軍抹黑郭台銘是「中共代理人」，郭台銘不畏戰，直接在香

港發生「反送中」大遊行之後，於臉書發表文章：當許多香港人民走上街頭發聲，讓全世界震驚，一國兩制在香港已被證明是失敗的做法，他堅持「九二共識，一中各表」，捍衛中華民國的自由民主價值，所以絕不接受一國兩制。

這樣的一個人，如果轉換跑道，成為台灣的領導者，以台灣最大利益為優先，發揮出他那水牛的拚勁、老虎的勇猛、獅子的霸氣、老鷹的洞察，再加上他對弱勢團體長久不遺餘力關懷的那一顆柔軟心，即使是向來對政治無感的我，也不禁對台灣多了些對未來的期待。

# 與其造勢，不如好好釀一缸醬油

與其說「政治」是管理眾人之事，
我想，對郭台銘來說，
毋寧說是「服務」眾人，
應該謀求的絕不是下一場選舉，
而是下一個世代。
反觀今日的選舉，
在旗海中，在聲嘶力竭中，
政治不再為民生、為經濟服務，
而是為政黨或個人、派系的私利服務；
政治人物可以對國家建設開一堆空頭支票，
但是錢從哪裡來？沒有人知道……。

在二〇一九年六月郭台銘交棒之後，他將最多的時間花在投身總統選舉，當你仔細觀察郭台銘打選戰的方式，可發現他的時間多用於談政策、美中關係，一旦碰到口水戰、抹黑，他反而不太喜歡去回應。

然而，在台灣，選舉的本質往往是曝光度，候選人之間常常得一個拋球，另一個接球；郭台銘想著的卻是「美中貿易戰對未來台灣經濟的機遇和挑戰」、「一國兩制的失敗代表對自由民主的嚮往」、「傳產升級」這些硬議題——政治，離我們很遠嗎？跟著郭台銘投入選舉，我品嘗了醬油的滋味，也才發現政治離我們其實很近、很近。

## 年輕的力量，站出來

在選舉中，郭台銘積極走訪台灣的各個角落，面對垂垂老矣的傳統產業，提出他的「回春術」，也就是「傳產升級」——當郭台銘談起傳統產業升級，進而幫助台灣在國際上占據更好的位置，他的眼睛就會發光。

二〇一九年五月，他參訪了雲林近百年老店「瑞春醬油」，參訪隔天，我就收到指令，十分鐘內，我就在「工業大數據辦公室」內部的溝通平台建立了專案，集結六、七、八年級生，兩個小時後，殺到瑞春醬油的觀光工廠現場，除了帶著負責工業互聯網的專業經理，瑞春醬油第四代傳人鍾政衛總經理也親自接待。

在面臨產業轉型與產業升級的當口，瑞春醬油必須跟上腳步，才能使這個味道傳承下來；第一步，我們釐清瑞春醬油的產製流程：

一、黑豆進口後，必須要記錄每次進口的豆子產地、含水量、含氮量等數據，其中，含氮量是醬油產業不可或缺的參數，為了確保進口的豆子品質有如實標記，瑞春醬油會主動送檢，再記錄、比對。

二、煮豆、拌麴、發酵是製作醬油最前期的製程，必須記錄外在環境溫度、發酵室的溫度、發酵室濕度、天數、製作日期，其中，溫度、濕度要嚴格監控。

三、瑞春醬油最具特色的是有全台最大的甕場，具有超過二千二百口甕缸，每一口甕，還特別遠赴中國大陸江蘇省的宜興製作，以留下傳統釀造的方法與味道；而發酵過的黑豆必須要入甕貯放一百二十天，才能得到好風味。貯放時，工作人員必須要監測天氣，並在一定的時間後開甕檢查，再加入新的鹽，方能維持風味，這些過程，也都是由工作人員手工記錄。

我從未想過，連「釀醬油」我也能略懂、略懂。

我們的團隊發現，瑞春醬油在各階段的數位化、系統化不一，但是在前端製程中，完全處在最原始的狀態，環境監測由工作人員手寫統整，交由專人輸入電腦，這中間的步驟只要有所缺失、遺漏，都會造成記錄不實，影響釀造的風味。

在團隊駐點一個月的期間內，我請專案經理持續在瑞春醬油的觀光工廠進行需求訪談，在初步根據需求，規劃出所需要的技術後，考量如何在行之有年的醬油工廠實踐大數據與人工智慧，使瑞春醬油產業升級，做到提值增效、降本減存的理念。

設身處地地替客戶著想，是順利進到產業數據的第一步，而兩千多口醬油缸，曝曬的不只是豆子，更是釀造者的決心和毅力。

大數據團隊下鄉駐點，一個月內，一群六、七、八年級生初步替瑞春醬油建置出一套醬油製程聯網、工作手機APP和AI數據分析的系統，實踐了郭台銘的執行力，在原本極為耗時的數據監控分析上，節省了近五〇％的時間，讓老醬油廠可以快速獲得資訊，再進行相關改善、研發。

又如郭台銘走訪雲林縣虎尾鎮的「霹靂布袋戲公司」時，也親自了解要如何將鴻海3D列印及AI技術留在台灣免費技轉，當操偶老師傅年紀漸長，AI結合老師傅的聲音，便有可能讓精緻的藝術傳承下去。

「產業升級和轉型」已經被政府喊爛了，畫餅畫了半天，連餅的屑屑都沒看到，所以台灣經濟才愈來愈悶——AI、大數據等科技讓傳統產業有了新的機會，可見的未來，瑞春醬油、霹靂布袋戲將上場打國際盃，競爭力肯定是不容小覷。

## 和平，才能找回經濟奇蹟

以面積來說，台灣很小，但看四面包夾的市場，身處婆娑之洋，台灣又有很大的可能。

以美中貿易戰來說，台灣夾在兩強之間，在美中貿易的壓力下，中國大陸市場不只會更開放，而且會有驚天動地的開放——中國大陸市場將開放給全世界，問題是我們的位置在哪裡？第四次工業革命將提早爆發，這對我們的突破和挑戰不但是空前，而且巨大。

我們要如何發揮台灣的優勢，讓「台灣獲利、美國達標、中國大陸轉型成功」？更重要的是，讓這個世界沒有人需要因為經濟困境而「發動戰爭」——郭台銘心底認為：只有台海和平，再加上找到對的國家產業方向，及有執行力的領袖，才能創造台灣經濟的新未來，找回台灣的經濟奇蹟。

郭台銘曾經說過一個寓言故事：

美國人、日本人在非洲旅遊碰到獅子，獅子發現他們之後衝了過來，此時美國人立刻開始跑了起來，但日本人卻蹲下來綁鞋帶，美國人一邊跑一邊轉頭問他，「你還不趕快跑？」。

日本人悠悠答道：「我不用跑贏獅子，我跑贏你就好了。」

因此，要看清楚真正的競爭者，才能擬定真正的致勝策略。

首先，郭台銘認為，美中貿易戰必定會達成協議，但是大國崛起所引發的科技競爭才剛開始；所以，當大家高呼拚經濟，涵蓋的面向並不足夠，因為在未來，經濟的核心在科技整合，特別是各行各業與ＡＩ的整合，所以我們要拚的是科技、是ＡＩ。

可以預期的是，未來很有可能會演變為科技戰，尤其在人工智慧、５Ｇ通訊結合８Ｋ超高清視頻、先進製造網路化、微晶片和半導體、超級電腦及軟體定義網路、量子電腦等領域。

向來「看很遠」的郭台銘，除了二〇一八年就指派我為台灣高中生編纂人工智慧的教科書，更看到台灣具有三大優勢，可以創造機會：一，美國、中國大陸都與我們有密切的經濟貿易往來，具有長期「經濟共生」的關係；二，我們與中國大陸、日本、韓國可以共同形成以東亞為核心的世界供應鏈；三，台灣高科技業有完整而綿密的產業聚落，基礎雄厚，隨時可以在美中科技戰中扮演要角。

台灣是美中貿易戰的重大利害關係人，更直白地說，當貿易戰一落幕，科技競爭接力登場之際，美國的許多高科技產品會持續在中國大陸生產，但針對某些「敏感性產品」，美國會選擇在離大陸有「一臂之隔」的地方上生產，或是與當地廠商攜手合作，如此來看，台灣將是首選——而善用ICT（資訊與通信科技、電子半導體）產業的實力，就可以翻轉台灣的經濟。

至於中國大陸，歷經這次貿易戰，將加速發展其自有科技，這對台灣更是新的機會，可以採取的策略是：未來科技發展、架構面向已經揮別二十國集團（G20），只剩下美中（G2），當美、中各自走出規格與標準，未來的世界將是One world、Two systems，台灣必須加速高科技方面的投資。

歸根究柢，任何經濟體決定盛衰的關鍵，就在「人才」，台灣一定要加速培育人才，才能讓台灣經濟脫離平庸成長的陷阱，也才能再次創造經濟奇蹟，許年輕人一個未來。

## 訂好策略，農業也能互聯網

二〇一六年，美國總統川普當選的重要支柱，堪稱美國中西部的中產階級，因為舊產業凋零、在新產業缺席而沮喪；換言之，要解決貿易戰的根源問題，應當幫助這些州發展新產業，在當地做傳統產業、科技農業的投資。

台灣農業，結合AI人工智慧，正可以扮演這樣的角色。

在台灣發展農業上，郭台銘認為「唯快不破，六流結合六快，才能發大財」；如果只有「六快」只能先發小財，萬一「不快又不流」那可能要憋死農民了。更重要的是，農業雖然產值相對不高，但生產安全、健康的食物是以食為天的民生問題，農業不振，工業不彰，現在足以憋死任何一個政黨或政府。

郭台銘的「六流」，是人流、過程流、物流、訊流、技術流、金流——各種包括大數據、人工智慧、5G、區塊鏈等技術，把「六流」實虛整合起來，就是智慧產業升級。鴻海既是工業互聯網的標竿企業，用在農業互聯網上，也有實力來打通六流的不順與障礙。

但是，要把高大上的想法落實在農業，台灣一定要再加上「六快」。

這六快是「快檢驗、快出貨、快物流、快到貨、快銷售、快回饋」──台灣小農經濟在單一種類的作物，若再區分「等級」高中低，增加的收入很有限，加上農產品保存期限短，是典型的快銷品，在消費人口相對少的台灣，若沒有穩定出口的通路，短期內一盛產，就會失衡。

當立委提議要為農民「培力」，郭台銘心中，還先不談AI、大數據，第一個要培養的就是「銷售力」，不光是快銷，若還能做到先銷，也就是有多少需求出多少貨，那就更好了。

既然六快的關鍵是「賣」，所有流程要快、要好、要安全，甚至在終端如果消費者的回饋快，產地可以快速調整供貨的品項、質量，這正是郭台銘講的「從農場到餐桌」——農產品毛利低，要快，要減少中間層，才能找出利潤，如果沒有賺錢，就沒有動力和資本去做「六流」。

# 擦落去，政治我來了

很多人是從家中的電視或社群上認識我，
可能看過我在節目上
解釋著大數據、民調、AI人工智慧，
甚至是和許多名嘴、政治人物「討論」政治
（也有媒體說是大戰、電翻……）；
一路走來，我的求學、求職都是理工背景，
身為科技人的我，
是因緣際會，也是陰錯陽差，
踏入政治這塊「貴寶地」。

我應該算是頭幾位得知郭台銘要參選的幕僚，當時我人在深圳，突然接到他的一通電話，趕回台灣後，才知道郭台銘希望我從「大數據」和「ＡＩ」的角度，協助他更貼近年輕選民的目光，同時推動產業升級。

從網路爬蟲系統做起，包括社群討論、新聞、政論節目等，各種的聲音、文字、圖形、影像，每天高達四十萬筆數據，透過我，郭台銘可以第一時間掌握，也知道全世界發生了什麼事情，更貼近網民心中的真實情況。

然而，得知郭台銘要投身選舉，我第一個心裡的念頭是：「你到底是哪裡有毛病？怎麼會這麼想不開呢？」緊接著，內心小劇場的下一幕是：「鴻海帝國就如同你的家一樣，是你一步步闢建起的，而今，即便每天仍有很多新的挑戰，已經算是相對舒適的生活圈，何苦要跨出啊？」

當郭台銘投身政治，我也和他一樣，開始從事過去不太在行的事情，從隱身背後的幕僚，形成政策論述，到意外站上第一線，為郭台銘所提出的政策論證、甚至是辯駁謠言──我漸漸發現，身為台灣人，有郭台銘來為這塊土地掌舵，也許真能有一番新局面！

## 用數字說話

我在上政論節目之前，一檔政論節目都沒有看過，不要說是藍綠，我連白色力量都算不上，甚至還以為，劉寶傑大哥的《關鍵時刻》節目專門在談外星人。直到有一天，接到永齡基金會執行長劉宥彤電話，她希望我幫忙「代班」，對政論節目全然不熟悉的我，一口答應，之後才知道準備起來並不容易。

當「政治評論員」淪於口水戰，我對於政治並沒有太多的認識，因此決定以自己的專長，拿數字分析——自此，開啟了我的政論節目之旅，而我對某陣營大將直呼「跟你真的很難講話」的影片，在短短三星期內突破二十七萬瀏覽次數，讓我走在街頭巷尾，聽到許多叔叔伯伯阿姨同事說，不敢再跟我吵架了！（我其實是非常和善的人，也鮮少與人吵架，我的親朋好友、同事們都可以幫我作證。）

當時內部有一些人並不贊同我上政論節目，其中，最大力反對的人是郭台銘——他認為AI人工智慧、大數據就是工具，以我的理工背景而言，思緒很好捉摸，邏輯與思考方式太容易被人家看穿——沒想到，在台灣現今的政論節目中，較缺乏理性、邏輯上面的角色，甚至有網友認為我的風格滿像YouTuber「理科太太」。

而今，郭台銘只要有空，都會關注我上的政論節目，有一次，他還私下抓我過去，叮囑我「化妝化太濃了」（我哪懂化妝啊！）──當我在政論節目「愈戰愈勇」，為郭台銘的名聲與人昏槍舌戰，他則提醒我：「不要走偏了，千萬別陷入政治口水戰，而要更專注大數據這部分的專業。」

面對台灣政治的亂象，相信所有熱愛台灣的我們都心有戚戚焉，郭台銘是唯一從初選階段，就不斷端出政策牛肉的候選人，但因著政治的複雜和謀略、某些特定媒體的立場偏頗，各種無中生有、抹黑造謠一而再、再而三上演。我一直期許運用自己微小的力量，改變台灣選舉中沒有科學、沒有證據的胡言歪風，同時開啟政策的對話。

## 在鴻海有標準答案，但政治沒有

過去在鴻海集團，製造工業是非常精密的，得把客戶要的設計完整而精密地呈現；而一腳踏入政治的場域，充滿灰色地帶，更可懼的是，多數政治人物在看事情的時候，戴上藍色或綠色的眼鏡，就算看到了事情的本質，卻也無法表達自己的意見。

郭台銘沒有藍色或綠色的這副「眼鏡」。

身為政治素人，郭台銘即使當初加入國民黨，還是可以喊出「香港的一國兩制是失敗的」；歷經總統初選，郭台銘也告訴大家「沒辦法討好每一個人，但絕對會照顧台灣的每一個人……」——這讓我非常感動，相較於多數政治人物背負著政黨的包袱，沒辦法做一些懷抱中心價值、正確的事情，郭台銘讓我看到了這個可能性。

那麼，我們的立法院，到底需要怎樣的組成？

不可否認，政治是一門專業，但是，若是涉及財經政策、科技政策，以政治、法律為專業的立法委員，真有足夠的立論基礎？

倘若今天，台灣各產業的法案，都由政治領域專業的立法委員參與討論，那恐怕會距離產業的真正聲音，有相當大的一段差距；又譬如政黨，初衷應該是奠基於共同的理念，團結前進，但現實情況常常是包袱，讓人裹足不前，舉步維艱。

以同志婚姻、核能議題等等爭論來說，如果跑大數據來分析，分野的標籤應該與藍綠無關；但現實情況卻是，藍綠對立，政黨成為一把切開兩撥人的刀子。

台灣有成千上萬個法案，難道之後的討論，都要非藍即綠？這真的是台灣人期待的嗎？

我期待，台灣能迎來，也「贏」來一個國會，是讓立法委員在政黨之外，能有代表選民，發出自己真實的聲音，擁有自己的專業見解。

# 人會說謊，數據不會

身為郭台銘幕僚團隊中的「數字工具人」，
我的功能就是
讓數字說話、進而形成決策；
大數據在選戰的應用上，
除了大家熟知的民調，隨著科技演進，
透過蒐集臉書、PTT、YouTube、網路新聞……，
裡面成千上萬使用者的使用軌跡
（發文、留言、按讚、追蹤），
等於有億萬個數據，讓我們好好分析，
了解一般民眾關心什麼、在意什麼議題。

許多選民常常是「口嫌體正直」——嘴巴上嫌棄，身體行為才是誠實的，你我會說政治正確的話，但往往不會對 Google 說謊，所以深入瞭解關鍵字搜尋、Google 搜尋趨勢（Google Trend）等大數據，已經是今日打選戰的必備武器。

我曾經在政論節目上，以統計工程的做法，用加權統計拿掉極端的離群值，排除太過偏高或偏低的天花板、地板，呈現出比較中性的結果，讓民調接近真實的情況，當時，政論節目主持人稱這是「調和式民調」，也引發廣泛的討論。

其實，進一步來說，民調是統計科學，而大數據分析是海量資訊的匯集整合加以分析，是人力無法判讀以及人力無法尋找的蛛絲馬跡，與民調不太一樣。大數據最終的目的是「因果分析」，如果分析沒做對，就會淪為「導果為因」。

人們著迷於大數據的原因之一就是「可預測」，當人類的數據蒐集能力、分析能力提升時，預測結果將愈來愈準確——我找了一些「義勇軍」，組建了一支團隊，花費兩個月的時間，打造出「選舉大數據平台」，針對郭台銘、韓國瑜、蔡英文、柯文哲等四組潛在總統候選人，分析網路聲量、媒體報導、議題分析與檢索、正負情緒、民調等各項數據——從臉書來看，當時我發現：儘管郭台銘的臉書粉絲人數最少（畢竟他起步最晚），但與粉絲之間的互動品質是在所有候選人之中最好的。

從美國經驗來看，光看民調並不夠，網路數據的確不容忽視——我想舉個例子，是二〇一六年美國大選共和黨重要捐款人、川普坐上總統寶座的幕後功臣、PayPal和Palantir共同創辦人彼得・泰爾（Peter Thiel）。彼得是著名風險投資家，也是創業聖經《從零到一》的作者。他當初力排眾議，預測川普將成為最後贏家，在一些大家認為希拉蕊會贏的中西部地區關鍵州，他發現「川普」的搜尋遠比「希拉蕊」的搜尋來得多，最後開票證明，川普因為在這些州的得票率遠超過民調預期，才會當選。

然而水能載舟，亦能覆舟，《紐約時報》、《衛報》去年披露了一家英國數據公司劍橋分析（Cambridge Analytica），在未經用戶許可的情況下，盜用了五千萬用戶的個人資料，甚至在二〇一六年美國總統大選時，該公司被聘用來分析、預測美國選民的心理，涉嫌影響美國大選結果，一時之間，輿論譁然。

## 從數據看到你我痛點

當我協助郭台銘打選戰，除了肩負起數據戰情的責任，我更需要努力的，是拿數據觀察、關心這個社會，並擬定相關策略，解決你我眼前的痛點，使台灣人有感，進而布局整體的國家政策。

不然光說一些打高空的話，脫離活生生的數據，人們只會愈活愈痛苦，我自己聽了也很痛苦。

在台灣，郭台銘十分在意台灣的超低生育率，根據內政部統計，台灣二〇一八年出生率僅一．〇六人，近十年來，台灣總生育率則在一到一．二人間徘徊，且育齡女性人口逐漸減少，讓少子化出現「不可逆」的現象。一般而言，若只考慮人口的自然成長，總生育率至少要達到二．一人，才能達到世代更替的水準，不致令人口總數隨著世代更替而下降。

為瞭解台灣的年輕人為什麼不生小孩，從數據中不難發現：「沒錢」、「養不起」是年輕人不生不養的關鍵，也因此，郭台銘從政策面出發，提出「〇到六歲國家養」，獲得廣大關注，甚至在郭台銘不選之後，仍可看到這項政策被許多候選人採納引用，這就是從數據切入台灣痛點的好例子。

## 民心，多少人假汝之名

回首過去，以人工檢視和彙整新聞與社群討論簡直是「石器時代」；而今，可以結合AI技術、軟硬體結合、語音辨識（Automatic Speech Recognition, ASR）、自然語言處理（Natural Language Processing, NLP）、高速運算等方法，徹底瞭解民心向背。

舉例來講，我們的團隊可以從網路上，每天爬四十萬筆資料來做輿情分析，也同時研發將每日錄製下來相關的政治節目、廣播，自動做語言解析、分級、分類等，這在早期是難以辦到的。

目前大選中，各主要人物對於選舉策略上的調整，是否有掌握到目標選民（Target Audience, TA）的數量、投票率、對各類議題的預期反應，是比較難知道的；而在不完全訊息賽局的情況下，資料來源跟母體資料量的差異到底有多大？台灣是否有能力蒐集到夠像母體的資料？我持保留態度。

這背後，有四大關鍵點必須留意：一、選舉制度及選舉策略的變化；二、資料蒐集的有效性；三、政策調整能否挑起目標選民的投票意願；四、攻擊選舉對手的痛點，甚至是網軍的抹黑，是否有效降低選舉對手支持者的投票意願或意向。

之前在鴻海開會時，郭台銘常常感慨，政治人物是很辛苦的，有很多的不得已，他自己也看得很透澈，尤其是在台灣現今的處境下，必須想辦法在夾縫中求生存，但是看看兩黨，有政黨活在與選民不同的平行時空中，根本超現實；也有政黨大舉販售「芒果乾[1]」，以恐懼為訴求。

我期待，有朝一日，政策的出發也能像第一天上班時郭台銘給我的要求——根植於真實。從數據中可以看到不同受眾的輪廓、不同觀點，找到該族群的困擾，並擬定適合的政策，設身處地為更多人思考，當這些族群認同且買單，便可能因為認同候選人及其理念，進一步投票——相信到那時候，便會產生由理性所推動的良性循環。

1 意指「亡國感」。

# 成吉思汗轉身後的下一步

論起當今商場上的「成吉思汗」，
郭台銘當之無愧，
他的版圖不僅如成吉思汗一般橫掃歐亞大陸，
更擴及北美洲、南美洲、澳洲。
走過四十多年的為錢工作、為理想工作，
接下來二十年，他將為興趣工作，
耐風寒而永不倦怠，
為這塊土地培植更多的潛力好手、
更多的「成吉思汗」。

「怎麼會去參選呢？」

「你是頭殼壞掉了嗎？好好的總裁不做！」

郭台銘參選，很多人笑他傻；當郭台銘不選，也很多人笑他傻。

在國民黨初選落幕後，郭台銘在臉書寫下：「很多人問，是否輸了初選會對參與政治後悔？人生沒有後悔藥，我一生在逆境中求生，在我人生的最後階段，跳出舒適圈不是為了名利，更不是什麼為了鴻海等奇怪的傳言，而是為了民族與國家奮鬥，為了我熱愛的中華民國，我為了實現理想並不猶豫，也勇敢去做。」

「就算全天下的人會笑你傻，揶揄你，也不要放棄對理想的追求，一個勇者無懼的人生，不容易做，但可以努力做！」我想，成吉思汗是屬於草原的，而郭台銘的奉獻與心力，則是屬於你我台灣人的幸福。

接下來，郭台銘會運用自己的力量，第一步，是打造台灣成為「智慧科技島」；第二步，則是興辦「政經學校」，培育更多優秀的年輕人，共同翻轉劣勢，讓下一代有更多希望。

## 美國搶先投入ＡＩ

我想先從「智慧科技島」談起——放眼望去，ＡＩ人工智慧已經逐漸改變我們的生活，像是最近很夯的無人機、酷炫的無人駕駛，或是超方便的行動支付，這些琳瑯滿目的新科技，以及背後的大數據應用，都帶給我們生活很多便利和創新。

今年，美國總統川普發布了一項行政命令，要求聯邦政府單位投入大量資源，大力推動人工智慧ＡＩ的研究，並保護美國ＡＩ科技上的優勢，同時也象徵著美國將更加專注在人工智慧技術的發展，接下來，美國對ＡＩ的投入有五大觀察點：

**一、盤點研發數據及運算資源**：川普要求啟動盤點、整理可供研究的開放數據集（Data set），補助各級單位能運行ＡＩ運算的設備資源，如HPC（高效能運算電腦）數據中心等。

**二、向下扎根至高中教育**：運用獎學金、總統獎等機制，拓展ＡＩ訓練到學生和相關教師。（這一點，郭台銘堪稱走在前面，如前所述，鴻海已經為台灣出版了一本針對台灣高中生使用的《人工智慧導論》，也期待這本書能為台灣培養出許多在全球發光的ＡＩ人才。）

**三、建立應用規範**：美國對於隱私、保護、安全的重視，讓ＡＩ

在試驗過程遇到較多阻礙，因此美國政府應該積極推動AI應用的相關規範，讓人民信任且安心，才能促進AI研究的快速落地和蓬勃發展。

**四、未來工業四項關鍵技術**：AI、先進製造、5G、量子運算。

**五、推動學徒制訓練**：強調「人」，也就是勞工訓練是在AI研發中最至關重要的，各行各業、各層級的人都應培養AI的基礎能力，因此也將勞動部納入推動組織中，積極開展各項職訓課程。

當然，美國並不孤單，包括中國大陸力推「中國製造2025」、德國啟動「工業4.0」、日本的「AI人才戰略」和韓國的「製造文藝復興願景」等，世界各國都已經啟動政府層級的人工智慧戰略。

## 這是最好的時代，也是最壞的時代

那台灣呢？資訊科技蓬勃發展的台灣，絕不能錯失這一道浪，必須乘勢而起，蛻變為「智慧科技島」，而產業背後，需要的是人才，以及領導人才的「將才」們，也因此，「政經學校」格外重要。

郭台銘理想中的政經學校，要仿效日本的「松下政經塾」——一九七九年，日本實業家松下幸之助在東京創立這「私塾」，致力教育出日本政治、財經界的領袖人物，只招收二十二歲到三十五歲之間的年輕人，教學四年（二〇一〇年後改為三年），每年錄取率不到三%。

在台灣，郭台銘希望為這塊土地孕育政策、經濟、媒體科技、選舉政治等領域的專業人才，讓台灣政治擺脫藍綠的泥淖——郭台銘要讓台灣的年輕人知道，「政治為經濟服務」的理念能夠落實，留在家鄉一樣可以安身立命、征戰全球。

一場場「感恩之旅」見面會上，郭台銘親自出席，與許多郭粉面對面互動，大家對他的建言、信任、期待與呼喚，無論是站在台上發言，或是站在台下觀察，我都深深地感受到，大家對郭台銘的期待，從炙熱、失望，到重燃。此刻的台灣正如同英國偉大的作家狄更斯《雙城記》所言的一般複雜交織：

這是最好的時代，也是最壞的時代；
這是智慧的時代，也是愚蠢的時代；
這是信仰的時代，也是懷疑的時代；
這是光明的季節，也是黑暗的季節；
這是希望的春日，也是失望的冬日；
前方鋪展了一切，前方也一無所有；

人們正直登天堂，人們也直下地獄——

而我們總得懷抱希望，可以放棄一次選舉，但絕對不能放棄我們所共同生活、守護的信念與價值，要相信最好的還在後頭，未來將不可限量。

後語
# 郭董是神，也是人

日日浸淫在數據之中，理工腦的我，差一點就忘了自己念高中時，也曾經是一枚文藝少女，腦中構思的新詩還曾經登上校刊——直到參與、觀察這一次的總統大選，我時而是理工人，時而又必須在政治評論節目中為郭台銘捍衛，剎那間，我發現自己的多面性。

又何況是郭台銘呢？

不少人說，郭台銘很神，於我而言，他應該算是傳奇，或者堪稱「國寶」，國際局勢中的驚濤駭浪，於他而言也許是日常的漣漪，他奮鬥四十多年、一手打造鴻海，這不只是屬於他的驕傲，更堪稱台灣的驕傲，而在積累財富之後，他不是思考享樂，而是為這塊土地進一步奉獻，真的非常人也。

說他非常人，但他終究是人。外界有一張張貼在郭台銘頭上的標籤，譬如權貴，譬如奢華，譬如壓榨員工的慣老闆——郭台銘經常在接收這些訊息後（他在投身選舉後，才開始花時間看政論節目），皺眉、轉頭看著我問：「高虹安，妳在我身旁工作，應該知道我是什麼樣的人，郭台銘真有像他們說的這樣嗎？為什麼要這樣誤解我？」儘管見到了他眼中的不解，我卻發現，郭台銘那一把奉獻的火，並未熄滅，反而愈燒愈旺——他，就是這樣的一個人。

原先，我想將書名取為「郭台銘觀察日記」，畢竟，以我這樣的年紀，能在他身旁工作，是榮幸，也是艱難。

而我眼中的他，有一顆柔軟的心，深深愛著這塊土地（誰說商人無祖國？），對員工不只是嚴厲，更多的是照顧和期許——每每看到郭台銘那張啞巴吃黃連的臉，再看到他厚實的步伐並未因旁人的不理解而停下，就會想幫他說些什麼。

說著說著，便成就了這本書——首先，我要特別謝謝願意給年輕人機會的郭台銘，沒有他全力幫忙、授權、進而分享一段段饒富意味的故事，也就沒有這些文字。

同時要謝謝親愛的家人，總是體諒我驚人的工作時數，支持我選擇充滿挑戰的任務；也要謝謝三采文化的夥伴，這一段時間屢屢陪我挑燈夜戰；當然還有一起信仰數據力量的鴻海工業大數據團隊，以及共同踏上奇幻之旅的永齡基金會團隊，謝謝你們，有你們一起遠征，我不孤單。

也要謝謝正在閱讀這本書的你，願你透過我的文字，認識更多面向的郭台銘，相信自己、自己腳下這片土地的無限可能。

國家圖書館出版品預行編目資料

面試郭台銘：面對面，看見鏡頭外最真實的他 /
高虹安 . -- 初版 . -- 臺北市：三采文化 , 2019.12
面；　公分 . -- (Focus)
ISBN 978-957-658-260-8( 平裝 )

1. 商業理財　2. 管理與領導　3. 組織 / 管理

494.35　　108017463

suncolor 三采文化集團

FOCUS 91

# 面試郭台銘：

## 面對面，看見鏡頭外最真實的他

作者｜高虹安　文字整理｜姜鈞
副總編輯｜王曉雯　主編｜黃迺淳
攝影｜藍陳福堂（高虹安照片）　永齡基金會（郭台銘照片）
美術主編｜藍秀婷　封面設計｜高郁雯　內頁設計｜高郁雯
行銷經理｜張育珊　行銷企劃｜陳穎姿　影像紀錄｜向銘軒　修圖｜林子茗
內頁排版｜新鑫電腦排版工作室　校對｜黃薇霓

發行人｜張輝明　總編輯｜曾雅青　發行所｜三采文化股份有限公司
地址｜台北市內湖區瑞光路 513 巷 33 號 8 樓
傳訊｜TEL:8797-1234　FAX:8797-1688　網址｜www.suncolor.com.tw
郵政劃撥｜帳號：14319060　戶名：三采文化股份有限公司
本版發行｜2019 年 12 月 6 日　定價｜NT$380

suncolor

suncolor

「謝謝願意傾聽年輕人的郭台銘，
讓我們相信自己、
自己腳下這片土地的無限可能。」

高虹安：

suncolor